当代大数学家画传

[美] 玛丽安娜·库克 编

林开亮 等译

上海科学技术出版社

图书在版编目(CIP)数据

当代大数学家画传 /（美）库克（Cook，M.）编；林
开亮等译. —上海：上海科学技术出版社，2015.1（2023.6 重印）
（砺智石丛书）
ISBN 978 - 7 - 5478 - 2259 - 3

Ⅰ.①当… Ⅱ.①库… ②林… Ⅲ.①数学家-生平
事迹-世界-现代-摄影集 Ⅳ.①K816.11 - 64

中国版本图书馆 CIP 数据核字（2014）第 118860 号

Original title：MATHEMATICIANS：An Outer View of the Inner World
by Mariana Cook

责任编辑　田廷彦　李　艳

当代大数学家画传

［美］玛丽安娜·库克　编

林开亮　等译

上海世纪出版（集团）有限公司
上海科学技术出版社　出版、发行
（上海钦州南路 71 号　邮政编码 200235　www.sstp.cn）
上海展强印刷有限公司印刷
开本 787×1092 mm　1/16　印张 22.75
字数 200 千字
2015 年 1 月第 1 版　2023 年 6 月第 4 次印刷
ISBN 978 - 7 - 5478 - 2259 - 3/O·36
定价：68.00 元

本书如有缺页、错装或坏损等严重质量问题，请向工厂联系调换 电话：021-66366565

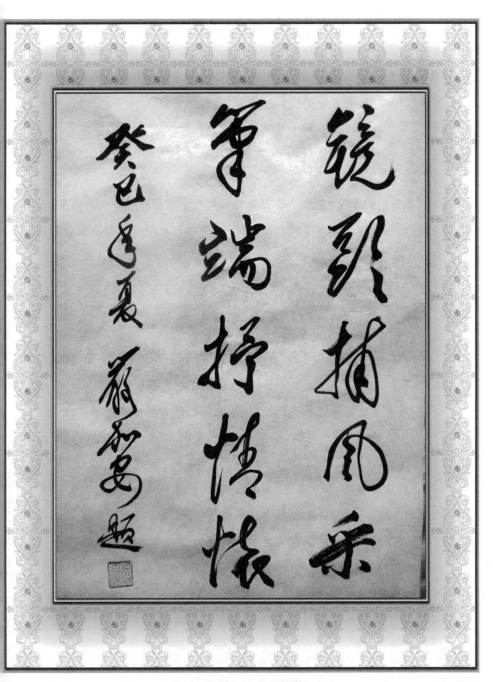

镜头捕风采
笔端抒情怀

癸巳年夏 严加安题

严加安院士为本书题词

在公众心目中,数学家是一类离群索居的人,他们沉溺于远离现实生活的稀奇古怪的问题,而乐此不疲。对于好奇的读者,这是一本难得的值得推荐的书。作者是一位著名的艺术摄影师,她通过对于当今世界顶尖的 92 位数学家的个别采访,用他们每人的一张近影和简短志趣自述,使得读者得以一睹这些数学家的风采,一瞥他们的内心世界。

——中科院院士、北京大学数学科学学院教授　张恭庆

本书图文并茂,展示了当代近百位大数学家的外观与内心世界,黑白照片传神韵,真淳文字写人生,将摄影师的艺术与数学家的人生完美融合。希望这本书能增进大众对数学家的了解,激发年轻人对数学的热情,孕育出更多的数学新星。

——中科院院士、数学家　林群

从事数学研究需要想象力和勇气,也需要勤奋、耐心、投入、激情和赢得科学皇后芳心的适当策略,这与成为诗人和音乐家所要求的素养一样,或者更通俗一点,正如同我们追求自己的真爱一样!

——密歇根大学、浙江大学教授　季理真

(引自本书)我一直觉得,像音乐一样,数学也是一门语言。为了系统地学习它,有必要一小块一小块地慢慢吸收,最终达到浑然天成的效果。从某种意义上说,数学又像古代汉语——非常典雅而优美。听一个精彩的数学讲座就好比听一场精彩的歌剧。万事齐全,一切都趋向问题的中心,我享受数学!

——美国科学院院士、普林斯顿大学数学系主任　张圣容

目录 | Contents

中译本序 ·· 1

前言 ·· 1

引言 ·· 1

爱德华·纳尔逊（Edward Nelson）························· 1

安德烈·奥昆科夫（Andrei Okounkov）··················· 5

迈克尔·阿廷（Michael Artin）·························· 8

约翰·康韦（John Horton Conway）····················· 11

弗里德里希·希策布鲁赫（Friedrich E. Hirzebruch）········ 15

亚诺什·科拉尔（János Kollár）························· 19

理查德·博彻兹（Richard Ewen Borcherds）··············· 22

大卫·芒福德（David Mumford）························· 25

布莱恩·伯奇（Bryan John Birch）····················· 29

迈克尔·阿蒂亚（Michael Francis Atiyah）··············· 33

伊萨多·辛格（Isadore Manual Singer）················· 37

米哈伊尔·格罗莫夫（Mikhael Leonidovich Gromov）········· 41

凯文·柯利特（Kevin David Corlette）·················· 44

张圣容（Sun-Yung Alice Chang）······················ 47

丘成桐（Shing-Tung Yau）···························· 50

约翰·纳什（John Forbes Nash）······················· 53

卡伦·乌伦贝克（Karen Keskulla Uhlenbeck） ················· 56

詹姆斯·西蒙斯（James Harris Simons） ················· 59

菲利普·格里菲思（Phillip Griffiths） ················· 63

田刚（Gang Tian） ················· 67

广中平祐（Heisuke Hironaka） ················· 71

广中惠理子（Eriko Hironaka） ················· 75

约翰·米尔诺（John Willard Milnor） ················· 78

琼·伯曼（Joan S. Birman） ················· 81

弗朗西斯·柯万（Frances Kirwan） ················· 84

罗比恩·柯比（Robion Kirby） ················· 87

伯特·托塔罗（Burt Totaro） ················· 91

西蒙·唐纳森（Simon Donaldson） ················· 94

昂利·嘉当（Henri Cartan） ················· 98

罗伯特·麦克弗森（Robert D. MacPherson） ················· 102

迈克尔·弗里德曼（Michael Freedman） ················· 105

玛格丽特·麦克达芙（Margaret Dusa McDuff） ················· 109

威廉·瑟斯顿（William Paul Thurston） ················· 112

伯特伦·科斯坦特（Bertram Kostant） ················· 116

约翰·马瑟（John N. Mather） ················· 120

马亚姆·米尔扎哈尼（Maryam Mirzakhani） ················· 124

柯蒂斯·麦克马伦（Curtis McMullen） ················· 127

丹尼斯·沙利文（Dennis Parnell Sullivan） ················· 131

斯蒂芬·斯梅尔（Stephen Smale） ················· 135

玛丽娜·拉特纳（Marina Ratner） ················· 138

雅科夫·西奈（Yakov Grigorevich Sinai） ················· 142

伯努瓦·芒德布罗（Benoit Mandelbrot） ················· 145

乔治·奥齐齐欧鲁（George Olatokunbo Okikiolu） ················· 149

凯特·奥齐齐欧鲁(Kate Adebola Okikiolu) ·············· 153

威廉·高尔斯(William Timothy Gowers) ············· 157

里纳特·卡尔森(Lennart Axel Edvard Carleson) ············· 161

陶哲轩(Terence Chi-Shen Tao) ············· 165

罗伯特·冈宁(Robert Clifford Gunning) ············· 169

伊莱亚斯·斯坦(Elias Menachem Stein) ············· 172

约瑟夫·科恩(Joseph John Kohn) ············· 175

查尔斯·费弗曼(Charles Louis Fefferman) ············· 179

罗伯特·费弗曼(Robert Fefferman) ············· 182

萧荫堂(Yum-Tong Siu) ············· 186

路易斯·尼伦伯格(Louis Nirenberg) ············· 189

威廉·布劳德(William Browder) ············· 192

费利克斯·布劳德(Felix E. Browder) ············· 196

安德鲁·布劳德(Andrew Browder) ············· 200

凯瑟琳·莫拉韦茨(Cathleen Synge Morawetz) ············· 203

彼得·拉克斯(Peter David Lax) ············· 207

阿兰·孔涅(Alain Connes) ············· 211

伊斯拉埃尔·盖尔范德(Israel Moiseevich Gelfand) ············· 215

沃恩·琼斯(Vaughan Frederick Randal Jones) ············· 219

斯里尼瓦萨·瓦拉德汉(Sathamangalam Rangaiyengar
    Srinivasa Varadhan) ············· 222

玛丽-弗朗斯·维涅拉斯(Marie-France Vigneras) ············· 225

米歇尔·韦尔涅(Michèle Vergne) ············· 228

罗伯特·朗兰兹(Robert Phelan Langlands) ············· 232

让-皮埃尔·塞尔(Jean-Pierre Serre) ············· 236

阿德比西·阿布拉(Adebisi Agboola) ············· 240

马库斯·杜·索托伊(Marcus du Sautoy) ············· 243

彼得·萨纳克(Peter Clive Sarnak) ·············· 246

格尔德·法尔廷斯(Gerd Faltings)·············· 250

恩里科·邦别里(Enrico Bombieri) ·············· 253

皮埃尔·德利涅(Pierre Deligne) ·············· 257

诺姆·埃尔基斯(Noam D. Elkies)·············· 261

本尼迪克特·格罗斯(Benedict H. Gross) ·············· 265

唐·察吉尔(Don Zagier) ·············· 269

巴里·梅热(Barry Mazur) ·············· 273

安德鲁·怀尔斯(Andrew John Wiles) ·············· 276

曼朱·巴尔加瓦(Manjul Bhargava) ·············· 280

约翰·泰特(John T. Tate) ·············· 284

尼古拉斯·卡茨(Nicholas Michael Katz)·············· 288

肯尼思·里贝特(Kenneth Ribet) ·············· 292

珀西·迪亚科尼斯(Persi Warren Diaconis) ·············· 295

保罗·马利亚万(Paul Malliavin) ·············· 299

威廉·马西(William Alfred Massey) ·············· 302

哈罗德·库恩(Harold William Kuhn) ·············· 306

阿维·维吉森(Avi Wigderson) ·············· 310

阿利·彼得斯(Arlie Petters) ·············· 313

英格里德·多贝西(Ingrid Chantal Daubechies) ·············· 317

罗杰·彭罗斯(Roger Penrose) ·············· 321

罗伯特·陶尔扬(Robert Endre Tarjan) ·············· 325

大卫·布莱克威尔(David Harold Blackwell) ·············· 329

跋·············· 332

致谢·············· 335

译后记·············· 336

中译本序
数学家：他们的心思与长相

数学家是哪一类人？一个最直接的回答也许是，他们是那些以数学为职业的人。于是立即就有了一个不是那么简单的问题：数学又真正是什么呢？也许一个更容易、更好的回答是，数学家只是常人，也许比一般人稍微聪明或奇特一点。

没有人会否认数学在现代社会中很有用、很重要，因此了解数学家是有趣的。那么，怎样来了解数学家和他们的群体呢？

中国有一条谚语：人不可貌相。除了标准的解释，从这条至理名言的反面去想一想也许是有价值的。在现实生活中，人们确实往往以貌取人，而且这么做也许有一定的道理。你只要逛逛大城市里的那些高档商场，就会信服这一点。人们为了使自己看起来更漂亮、更帅气或更优雅，付出了多少时间、精力和金钱？纵观各个不同的时代和文化，人们通常被以貌取人，而且人们的思想和性格通常也反映在他们的外表上。虽然没有明说，但这是玛丽安娜·库克（Mariana Cook）这本书的潜在原则，这反映于它的英文标题：*Mathematicians: An Outer View of the Inner World*（数学家：内心世界的外观）。当然，每一条规律都有例外，这就给出了那句中国古谚。

因此，为了了解数学家，一个有效的方法就是去看看他们的模样，或者看看他们的照片。虽然千言万语常常抵不上一幅图，但描述一个人的想法的另一个好的途径是让他本人说话。在这本书中，这两个方法被完美融合，呈现了92位数学家，他们中的大多数都极有名望。这是由一位著名摄影师写作和编辑的关于数学家的一本独一无二的书，而且数学家的外表通过92幅大照片确实得到了强调。它可以让读者与这些著名数学家在他们舒适的地方展开虚拟的对话。为了享受这本书，读者应该找一个舒适的地方，加入到由这些内行所引导的数学天地之旅。

数学是什么？数学家是哪类人？为什么有人想成为数学家？怎样做数学？怎样在数学中取得成功？数学是怎样应用的？

所有这些问题和许多其他问题在这本书中都以亲切的方式得到了回答。虽然这本书是为一般大众写的，而且书中的数学家尽量用简单的例子、通俗的语言来表达他们的评论和回答，但他们的某些见识是深刻的，真正的数学家也能够从中受益。

我们来看看这本书提供的一些回答。人们常说数学是关于形状、数字以及它们之间的关系的科学，但是瑟斯顿（Thurston）说："数学不是关于数字、方程、计算或算法的，它是关于领会的。"格罗莫夫（Gromov）的解释稍微有动感一些："数学从这里开始了。你的大脑天生地就由某个未知的原因和未知的过程驱动，创造出作为大脑接收到的所输入的抽象结构。当这种输入反映了大脑已经从外部世界创造的结构时，它开始在结构内分析这些结构。当这个过程达到表层（你大脑活动的最小片段，即我们所说的意识）时，这就变成了数学。"

数学家是哪一类人？丘成桐说，数学家"介于两者之间，一边是画家和作家，一边是物理学家、化学家和生物学家"。然而阿蒂亚（Atiyah）说："正如赫尔曼·外尔（Hermann Weyl）所说，我们其实更像富有创造性的艺术家。"斯坦（Stein）肯定道："你想做什么有很大的自由，而且你对你工作的价值评判是依据内在的审美感觉与它带给你的喜悦。"哪一种艺术与数学更接近？拉克斯（Lax）说："数学有时被拿来与音乐比较，但我觉得与绘画比较更好。"

数学是一个广阔的领域，有许多学科和专题。没有人能够理解和研究所有的数学领域。选择一个正确的学科是重要的，也许跟选择配偶同样重要。在任何给定的时期，都有时尚的专题，人们也倾向于赶时髦。但麦克弗森（MacPherson）说："依我看，重要的数学进展需要有多种观点的贡献。为了对数学做出有用的贡献，头脑聪明不如具有一个独特的富有原创性的观点重要。"

数学是年轻人玩的游戏吗？卡尔森（Carleson）说："开创性的工作和极其复杂的工作是年轻人的领域，但对于需要概观和见识的结果，我们一生都有机会。"

每个人都有各自迈入数学世界的理由。对有些人而言，那是一见钟情。正如西蒙斯（Simons）说的："我不记得哪段时间我对数学是不感兴趣的。"对有些人而言，理由也许完全不同，正如辛格（Singer）所说："我入学密歇根大学，在物理与英语文学中，我选择了前者作为专业……"

但是，要驻留在数学天地中并取得成就，也许需要更多的东西。大多数人相信，他们之所以成为数学家是因为数学的美。或者还有别的？萨纳克（Sarnak）说："我为能够做自己喜欢做的事情维持生计而感到荣幸。"但法尔廷斯（Faltings）给出了一个更具体的解释："我的工作是很有回报的，因为我在我贡献的这些成果背后发现了自我。这是很满足的，如果你可以制定自己的计划并完成它，完成其他人所不能完成的东西。你的名字将与这个成就相连，这是比大多数人的工作经历更令人满足的。我认为我特别荣幸。"

数学家之间的互动又如何呢？他们是否生活在比其他人更单纯的象牙塔内？德利涅（Deligne）说："我们对优先权并不在意，因为我们的研究所依赖的思想归功于格罗滕迪克（Grothendieck），优先权将毫无意义。后来我遇到了其他一些数学领域的人，他们担心自己是不是第一个做出来的，并且对他人隐瞒自己在做什么。我不喜欢这种方式。有各种各样的数学家，甚至有好斗的。"

怎样有效地申请研究生院？弗里德曼（Freedman）的（毋宁说是他母亲的）评论"每一件事情都是作秀"有趣而深刻。

应该去哪里学习和研究？萧荫堂说："回首我的数学生涯，我发现滋养它的一个最关键的因素是智力激发的环境。"

怎样教数学？格里菲思（Griffiths）说："只有具备了如此深刻的了解，你才能用一种简单的方式更好地去教授初等的内容。否则，你可能会弄得不必要的过分复杂。"

数学将一直是有意义的吗？是的，怀尔斯（Wiles）说："统治者代而复谢，国家兴而覆亡，帝国盛而复衰。但数学历经这一切，并幸免于战争、瘟疫与饥荒。它是人类生活中少有的不变的事物之一。"

数学有用吗？回答是肯定的：有用。但是，数学有用是一件好事吗？也许回答仍然是肯定的。一个有用的东西怎么可能是不好的呢？但是乌伦贝克（Uhlenbeck）说："我并非如此肯定我为数学的有用性而愉快，（按照我母亲的说法）其用处很可能是弊大于利。"

很主要的是注意到全书的二分之一由高质量的黑白照片构成，阅读上面的评论的同时欣赏他们的照片将有助于我们更好地理解这些数学家，他们的思想和工作。瑟斯顿因其高度原创和栩栩如生的东西而享有盛名，在这本书中，他的照片尤其是背景绝对是非常特别的。那是动态的，而且瑟斯顿无疑位于注意力的中心。再来看看格罗莫夫的照片，他绝不像一个普通的数学家或一个普通人。对那些见过察吉尔（Zagier）的人来说，照片的构成看起来非常符合他的性格。也许很多人会同意麦克弗森的洞察力与他在照片中的姿势一致。

对我来说，另一张有趣的照片是昂利·嘉当（Henri Cartan）的。这必然是他一百岁之后照的。他对开创布尔巴基学派的想法的描述也许与你第一眼看上去的照片不符,但多看几眼就会对他仍然年轻的心灵有更好的理解。

上面引用的评论只是这本书中独一无二的种种洞见的一部分,还有更多的思想和回忆等待读者去发现。

在最近几十年,有许多关于数学和数学家的普及书问世,但库克的这一本不是那种普普通通的,因为它采取了融合如此多的大照片的不寻常的途径。正如前面指出的,这应该是与人们交流的最常用的方式,但之前并没有多少这种类型的书出版,这也许是令人吃惊的。

有许多不同的方式来阅读这本书。根据年龄或专业,来比较不同的人对相近的话题的评论是有趣的。同样有趣的是,根据他们的外貌来猜测他们的研究风格,以此为出发点来更多地了解他们的数学成就,并将这些成就与在书中的评论和照片关联起来。

虽然这些数学家来自不同的背景、文化等,研究的问题也各不相同,但有一点是清晰的。他们为选择数学作为事业而高兴,他们享受他们的工作。别的不说,找到一份他们真正喜欢的工作就已经非常幸运了。所以,数学家是一群幸运的人。

我曾认为我对数学天地已经有所了解,但阅读这本书给了我一个新的视角。这本书应该成为每一个喜爱或讨厌数学的人的一份大礼。他们将了解到,数学和数学天地比他们期待的要更有趣、更丰富。喜欢数学的人将成为更成熟的爱好者;而讨厌数学的人将会认识到他们的误解,并受到激励,也许甚至会喜欢上数学。

季理真　2014 年 5 月 24 日于密歇根大学

林开亮　译

前　言

"美即真，真即美"——此即尔等

在人世所共知，所应共知。

济慈(John Keats)《希腊古瓮颂》①

　　数学家是特别的。他们不同于其他人。也许他们看起来跟其他人很相像，但他们是不一样的。在起步时，大多数数学家都非常聪明。数学家能够在相当成熟的水平上感知这个世界，而在思考某个问题的长年累月中能够在其头脑中运转他们称之为"数学对象"的许多东西。

　　真实是数学中的终极权威。一个定理必须被证明是真的。经常在十多年的工作以后，一个证明的长度将只有一页。它将因其简洁而优美。我曾给许多人拍过照：艺术家、作家和科学家，以及其他人群。在谈论其工作时，比起其他任何群体，数学家更惯于用"优美"、"真实"、"漂亮"。

　　数学家之间通过平等联系起来。任何一个用笔和纸解决了某个重要问题的人（无论其年龄、种族、国籍或经济条件），都可以在一夜之间

① 济慈的《希腊古瓮颂》(*Ode on a Grecian Urn*)有多个译本，这里我们选取的是余光中的翻译（《济慈诗八首》，刊登于《扬子江诗刊》，2009 年第 5 期）。——译者注

跻身于数学圈的上层梯队。与科学家不同，数学家做研究不需要实验室。从成就被同行认可的角度来看，数学或许是最民主的创造性追求。诚实和良心是数学家必需的品质。数学家的工作超越了政治的隔阂。

本书中我最后拍摄的数学家之一是书中最年轻的一位——米尔扎哈尼（Maryam Mirzakhani）。我采访了她，问了她对数学的最初兴趣的一般问题之后，我又特别问起她的工作。她疑惑地看着我，试图确定我对她将要讲的东西究竟能理解多少。她的体贴感动了我。然后，她从桌上拿起一个茶杯，开始谈论其杯耳的形状，其形状可以如何改变，在这个过程中可以提出何种数学问题，其解又是如何。我很高兴地理解了一点皮毛，跟她讲起曾经拍摄过的另一个数学家沙利文（Dennis Sullivan），他举起他的杯子用完全相同的方式给我解释拓扑。"他是我的祖师爷！"米尔扎哈尼欢呼道。为免得你疑惑，我告诉你麦克马伦（Curtis McMullen）是中间的纽带。数学家之间有显著的传承关系。学生感激老师为之付出的时间与精力，最终他们又培育了下一代。

我女儿 12 岁时曾问我，是否相信可能有另一个星球，上面存在着如我们所知的生命。我告诉她这是可能的。而且，如果现在让我接着往下说，我会告诉她，还有一件我极其肯定的事：能够在星球之间交流的思想者必定是数学家。为什么？因为他们已经发展出一门语言，其符号表达了致力于解释真理的思想。我们位于宇宙的何处？如何度量演变为其他形式的距离和面积？如何从鼓的声音辨别出其形状？无穷大是否存在？不同星球的实际符号语言可能不同，但每个星球上的"数学家"将能够从另一门语言中看出模式来。他们将破译出符号，并很快交流思想，带着他们对达到相互理解的努力的敬意。对于我们来说，这就是万幸！

引　言

数学是最伟大的人类成就之一。很久以来它就是一项重要的人类活动，从巴比伦和古埃及时代在（土地）测量和建筑中的早期应用，一直到目前其应用与研究的惊人扩展。在希腊数学繁荣时期，它不仅仅是因为有用而重要，更是因为它是一项主要的智力活动，而且那时就发展起了抽象性与严格性，这是数学一直延续至今的主要特征。

数学最惊人的一个方面是它的累积性；它也许是唯一真正可累积的人类活动。从欧几里得（Eucild）几何——事实上是希腊人所创立的几何学——就熟悉的公理化方法，在今天仍然是数学中的重要成分。欧几里得对素数无限性的证明以及毕达哥拉斯（Pythagoras）发现的 $\sqrt{2}$ 的无理性在今天仍然有效，而且是教给年轻的数学学生的标准结果。阿基米德（Archimedes）创立的分片计算体积的方法，在将牛顿（Newton）和莱布尼茨（Leibniz）所创立的微积分工具应用于同样的问题后，被推广并包含于卡瓦列里（Cavalieri）原理①中。当 20 世纪早期

---

① 事实上应称为祖暅原理，意大利数学家卡瓦列里（1589—1647）的这一发现要比我国南北朝时期南朝的数学家、科学家祖冲之的儿子祖暅（456—536）晚 1 100 多年。——译者注

勒贝格(Lebesgue)和其他人发展起更一般的测度和积分理论后,这个方法被进一步推广为富比尼(Fubini)定理,为微积分提供了新的更有力的工具。

古希腊人理解到平行公设的异常性并开始研究那一公设的本质;这个研究通过 19 世纪非欧几何学和之后的微分几何学的发展得到延续。这个可累积的特点,一旦证明的东西不会真的丢失——虽然有许多曾被一度遗忘——的这个事实,意味着数学的主体惊人的广博。有效地记住并理解过去建立起来的大量结果的唯一方式是,将诸多单个结果与观察融合在一个可以为进一步工作所领会和应用的更一般、更抽象的结构中。而这些抽象工具,如果在接下来的研究中变得广泛而细化了,也只能通过融合为还要更加抽象和一般的结构而得到有效的记忆和理解。

数学的这个广博和累积的特点意味着很难对数学之外的人传递现代数学的许多本质。当然,每个人都应用并理解大量的数学。商业、贸易、建筑和许多其他基本活动依赖于有用的甚至是好用的数学,有些数学工具本身可以非常抽象和一般,即使其抽象性和一般性被有效地隐藏在计算机和电子线路中。数学的魅力与真正趣味对任何着迷于数独或魔方的人来说是熟悉的。很容易陈述的谜题,如卡特兰(Catalan)猜想($1 = 9 - 8 = 3^2 - 2^3$ 是差为 1 的两个整数幂的唯一非平凡的例子)与费马(Fermat)大定理(当 $n > 2$ 时,方程 $x^n + y^n = z^n$ 仅有平凡的整数解)也暗示了数学中迷人和令人愉快的可能性,即便这些谜题的解决非常不同于高超的戏法而且其异常的难处并不一目了然。然而,要传递对数学那绝对迷人之美的真正的欣赏,这种欣赏包括对其结构之壮观的惊叹,识别出确实隐藏于几个谜题中的公共元素时的喜悦,完成一个极其复杂、富有挑战性的计算时的快乐,成为第一个做这个计算或第一个提出某种新的重要数学结构的人时的喜悦,却是非常困难的。对数学的深刻欣赏确实需要一个理解,这样的理解仅可能来自知晓大量的数学结构并能读懂证明和论证。请想象一下,要传授对音乐的一个真正的欣赏将有多难,如果欣赏贝多芬后期四重奏的唯一方式就是贝多芬本人的方式——读了所写的乐谱后在心里倾听。即便是传递引导当前数学研究的一些问题——如克雷(Clay)数学所的七个百万问题,每一个问题对第一个被接收并发表的解答提供一百万美元作为奖金——的重要性也是富有挑战性的。已经写出了描述庞加莱(Poincaré)猜想的书,这个猜想是三维球面的一个刻画,它是第一个已有明确解答的百万问题,而且至少是一个可以用日常用语大概描述的问题;描述其他问题如霍奇(Hodge)猜想、纳维-斯托克斯(Navier-Stokes)方程、伯奇(Birch)和斯温纳顿-戴尔(Swinnerton-Dyer)的猜想,确实需要大量的背景才能欣赏,即便不能理解的话。

然而,这并不意味着数学家放弃了向世界上其他人解释数学的本质和快乐的尝试。在许多大学中,"数学欣赏"与"诗人之数学"的课程是常见的,事实上在某些学校非常受欢迎;但即便是那些课程也需要一个高水平的承诺与努力工作,但是,当今世界的人们是如此繁忙和浮躁,以至于这个要求往往成为一种奢望。当然,也有很多数学谜题与谜题集,但特殊的数学问题的普及论述千篇一律,而且往往只包含了对真正发生了什么的一个模糊而肤浅的了解。

本书打算提供另一个途径以更广泛地传播对数学本质的理解,这是布兰登·弗拉德(Brandon Fradd)突然想到的一个主意,他还有效地促成了本书的完成。早在20世纪80年代他在普林斯顿大学数学系当学生时,他就关心给有前景的数学家和一般大众讲授数学的方式。当他偶然看到玛丽安娜·库克的科学家相册时,他想到了创造一本关注数学家的类似相册的计划,包括当前一些数学家的照片,并配有关于他们的生活、想法与研究数学的动机的简短描述。在库克女士身上,他看到了一个卓越的摄影师,她不仅能创造出被摄影个人的可感知的记录,而且能够呈现出他们个性的某些方面——这将暗示这些在数学中发现无法抗拒的愉悦与挑战的人的身份,以及他们从事这个确实艰难而引人注目的活动的动机所在。这项合作的成果就是目前这本书。它聚焦于世界各地的 92 位数学家,他们以各自不同的动机研究着多种多样的数学,本书不仅对每个数学家给出了相片,而且每个人都自述了是什么将他们引向数学的。人物的选择并非作为当前"顶级"数学家的一个清单,而是有些随机的。这个计划从布兰登·弗拉德在普林斯顿的一些老师和朋友开始,并在这些数学家的建议之下将对象进一步扩展到世界各地的数学家,他们能够作为目前正在做数学研究的种种数学家的代表。作者希望本书能够以这种方式指示出,对数学的追求是一个连续的活动——这个活动吸引了大量可爱的、有个性的、虔诚的男男女女,并至少暗示了激发和启发这些数学家的是什么。

罗伯特·冈宁(Robert Clifford Gunning)

爱德华·纳尔逊
（Edward Nelson）

分析,概率,数学物理,逻辑

普林斯顿大学,数学教授

我很幸运地生长在一个温馨和睦的家庭,是四兄弟中最小的,大哥比我大 7 岁。出生时,佐治亚正处在大萧条时期,我的父亲正在组织异族会议,他是第六届卫理公会的牧师。他在开车时会留意车牌号码,能够完全靠心算将它表示为四个完全平方数的和①,并以此为乐。

我在风景迷人的意大利上小学一年级,至今仍然保留着我的听写本,上面赫然记着:墨索里尼爱小朋友。从一年级开始我就知道,老师教给我们的大多数东西其实并不真实,这是多么有益啊!母亲对抽象性的怀疑态度也传承给了我。

我 12 岁时拿着一副牌,闲来尝试一种最笨的洗牌方式:轮着从最顶上与最底下交错着取牌,直到取完为止。我自问:如果这样洗足够

---

① 根据初等数论中著名的拉格朗日定理(Lagrange theorem),每个自然数可以写成四个完全平方数的和,例如 $8 = 2^2 + 2^2 + 0^2 + 0^2$, $99 = 9^2 + 4^2 + 1^2 + 1^2$。证明可见一般的初等数论著作,例如陈景润的《初等数论Ⅲ》第 126—128 页,哈尔滨工业大学出版社,2012 年。——译者注

多次,那副牌能恢复原状吗? 如果能的话需要洗多少次? 然后我对任意数目的一副牌考虑了同样的问题,并将结果用图形描述出来。图形在一条直线与一条正则的对数曲线之间大幅度波动。14 岁时,我找到了一个看似有效的公式①,一年以后我证明了确实如此。

数学家为什么能够长年专注于研究某个特定的问题? 也许是因为这个问题对应用或进一步的数学非常重要;也许是因为这会带来认可;结合教学,还会带来收入——因为做自己喜欢做的事情而得到报酬。但所有这些都是次要的,与无限的不确定性抗争才是最基本的回报。对我而言,只有做爱的乐趣超越了做数学,而滑雪是远远排在第三位的。

我早期的大部分工作是在数学物理领域。我一直对量子力学的正统解释不满意,于是我创造了一个新的理论——随机力学——和薛定谔方程的一个更加具体的解释。经过许多人的努力,这引出了一些非常令人兴奋的数学,但它仍然没有满足我找到量子理论的一个真实解释的愿望。这依旧是一个很大的谜题。

后来我的研究兴趣发生了很大的转变,这一转变源于教学。当时我在给研究生上概率课,我想对布朗运动用一个涉及无穷小的试探性方程。在写文章时你没有必要填充所有的细节,但研究生对你要求更苛刻。他们想真正理解它。我知道鲁滨逊(Abraham Robinson)创造了一种称为非标准分析的东西,可以将无穷小严格化,因此第二个学期我开了一门课程学习它并创造了一种新的方法,称为内集合论。这个理论具有一种令人不安的特性:并非所有的数都是你一直所认为的那样是标准的数。我被这个理论迷住了。我开始质疑数学中最基本的假

---

① 根据纳尔逊的回函,他所发现的数学公式可以表述为:设 σ 表示置换 $(1, 2, 3, \cdots, n-2, n-1, n) \mapsto (1, n, 2, n-1, 3, n-2, \cdots)$,则 σ 的周期是使得 2^k+1 或 2^k-1 之一能被 $2n-1$ 整除的最小正整数 k。例如,如果 $n=8$,则容易验证,σ 的周期等于4。——译者注

设,并更加怀疑当前的数学模型的相容性。问题在于,需要接受完全无限性的观念。在所有的创造中都没有证据表明上帝制造了完全无限性。这个观念是人为的产物,而且在数学中存在着与它有关的未曾被注意到的问题。我为之喜悦的成果表明了现代数学其实是不协调的。

安德烈·奥昆科夫
(Andrei Okounkov)

表示论，代数几何，数学物理

菲尔兹奖（2006 年）

普林斯顿大学，数学教授

我发现数学很奇妙。为什么数字能比文字更好地把握这个世界呢？为什么如此广泛的人群，像天文学家、面包师、音乐指挥和那些制造 Z-玻色子的人，都依赖于数字以确保他们的工作恰到好处呢？我只是好奇地注意到，来自我们的演算纸和电脑屏幕上的最抽象、最神秘的符号，是如何与周围的世界完美对应的：彩虹如何形成，行星轨道如何，其他一切的事情又如何发生。这个神奇的一部分在于，无论数学何等复杂，总能够以某种方式利用它找到答案。得到的答案通常是可以预见的，有时也会令人惊讶，但绝不会陷入死胡同或悖论。这是因为数学反映了存在的世界，还是因为数学有效才导致了世界的存在？幸而我的工作不必回答这个问题。

数学的力量在于，整个世界在围绕着同样的数学运转。它是所有精密科学的共同语言，而且你一旦理解了它在某个特殊的例子中是如

何起作用的，你就可以把本质上相同的数学应用到其他成千上万种情形中。你可以取之于任何一个来源，并将它借来阐释你喜欢的任何东西。有趣的是，在马雅可夫斯基（Mayakovski）的《怎样作诗》中我们可以看到大致相同的效应，我记得十几岁时对这本书印象非常深刻。继续拿数学与诗歌做比较，比起其他成分来，数学更需要想象力。几个特殊的例子，一个具体的计算，也许就包含了一个重要的普遍数学真理的种子。但为了识别它，你需要能够从公式中跳出来，或者甚至要让你的想象力带着你如天马行空一般跃过它们。这种由小见大、由个别见一般（就像"窥一斑而知全豹"）的能力，是数学家必须具备的主要先决条件之一。

与作诗一样，做数学意味着大量的艰苦工作，其成果也是难以保证的。美妙的数学是罕见而珍贵的。在一生中，我们只有很少几个真正漂亮的想法。通常我们的记忆保留着那些漂亮的想法浮现在脑海的精确场景！我们不像厨师那样每天都能做出美食来。数学研究的这种困难与挑战自然增添了数学发现的兴奋感，但我不认为那是真正驱动数学家去做数学的东西。对我而言，那远不如更好地理解这个世界重要。而且非常幸运的是，不像淘宝挖金的人，数学家可以与每个人自由分享他们珍爱的宝藏。一旦你确实理解了某些东西，解释给所有人听的那种感觉真棒！

迈克尔·阿廷
（Michael Artin）

代数几何

沃尔夫数学奖（2013 年）

麻省理工学院，数学教授

　　将近 40 岁时我发现了一个真相：从我 12 岁开始就一直重复着的一个梦是我出生的象征！在梦里，我卡在了屋子里的一条密道里，但我最终走出来了，并出现在阳光照耀的屋顶。真相大白以后，我再也没有做过这个梦。

　　母亲说我出生时是个很大的胎儿，分娩时极为困难，虽然我并不知道我到底有多重。英语的一磅比德语的一磅要重 10%，我怀疑近些年来母亲每年又多说了 10%，这一点她当然是否认的。无论如何，我相信出生时的受伤导致了我的左撇子和痉挛，不过幸好都在控制之内。

　　我的姓"阿廷"来自于我伟大的祖父，一个亚美尼亚的地毯商，在 19 世纪搬到了维也纳。亚美尼亚人被纳粹宣布为"雅利安人"，但我母亲有一半是犹太血统，因此我父亲［译者按：指埃米尔·阿廷（Emil Artin）］从汉堡大学"退休"了。1937 年我们来到美国，那时我只有 3 岁。

　　我的父亲是一位大数学家，和我一样，他也喜欢教书①。他教给我很多东西：有时是数学，但有时也告诉我一些野花的名字。我们一起演奏音乐，一起检验池塘的水质。如果说他曾经给我指引过一个方向的话，那就是化学了。他从来没有提议我要步他的后尘，而我也从未刻意地决定要做一名数学家。

　　上大学时我决定学习理科，但化学和物理慢慢落下去，后来只剩下了生物和数学。生物和数学我都喜欢，但决定主攻数学。我告诉自己，从数学中转行也许更容易，因为它是科学领域的理论终点，而且我决定在 30 岁时转到生物，之所以定在 30 岁，是因为众所周知，数学家往往在那个年纪就退居二线了。然而那时我非常热衷于代数几何。我决定研究那个领域，部分原因是受到我的博士生导师扎里斯基（Oscar Zariski）精力充沛的能量激发。我做了一个幸运的选择。感谢格罗滕迪克（Alexander Grothendieck）的影响，这个领域在接下来的岁月里繁荣起来，而我此后也一直在这个领域内做研究。

---

① 埃米尔·阿廷与中国近代数学有密切的联系，我国的代数前辈曾炯之、王湘浩都是他门下的得意弟子。他先后在汉堡大学、普林斯顿大学任教，最著名的讲义是《伽罗瓦理论》，有中译本，李同孚译，哈尔滨工业大学出版社，2011 年。迈克尔·阿廷在麻省理工学院的本科生抽象代数讲义《代数》也有中译本，郭晋云译，机械工业出版社，2009 年。——译者注

约翰·康韦
（John Horton Conway）

群论,数论,几何,组合数学,博弈论

普林斯顿大学,冯·诺伊曼（John von Neumann）讲座教授、数学教授

我 1937 年末出生于英国利物浦。父亲是利物浦一个中学的实验室助理,披头士乐队（译者按：也译作甲壳虫乐队或披头四乐队）中有两位曾在那里上学。父亲对科学非常博学,而且对诗歌很有兴趣。他经常在家里来回踱步,一边刮脸一边朗诵诗歌,有时还赤身裸体。我想,他是一个特别有情趣的人。父亲是防空队员,家里偶尔会响起警报声。我还是孩童时,战争降临了。小孩有时无法去上学,而且我们了解有些人家被炸得家破人亡。我们一度被疏散到威尔士。对儿童的疏散方案从未奏效,因为他们的母亲非常想念他们,因此他们最终都返回了。我记得有段时间我讲威尔士语。

当我 11 岁进入一所新学校时,我与校长有一次面谈。他问我以后打算做什么,我回答说想去剑桥念数学。那正是 7 年以后的事情。在那所学校时,我对理科发生了兴趣。在每一门科目中,我都一直是前三

名,当青春期来临时,我一点也不在意。我被周围一些对任何事物都不感兴趣的人——班里的后进生——吸引,因为他们很有个性。(之后我一直受此困扰,我喜欢有个性的人。)我开始考试不及格,后来有位老师找我谈话,我转变回来又名列前茅了,特别是理科。我跨过了剑桥大学的学术门槛,并成为皇家学会的研究员。之后不久,普林斯顿大学给我提供了一份工作,我在这里已经待了21年。

在科学圈,我最著名的发明是生命游戏,它开创了细胞自动机的新领域。我还发现了几个很大的对称群。这是很难做到的,而且在当时是一个很有趣的课题。然而,我最为自豪的是,发现了数的一个全新的世界,这被高德纳(Donald Knuth)命名为"超实数"①。我真希望这个名字是我本人取的。一百多年前,伟大的德国数学家康托尔(Georg Cantor)发现了无穷数的理论;两千多年前,阿基米德创建了我们常用的实数理论。超实数将两者同时包括在内,有一些超实数是康托尔的无穷数,有一些则是普通的实数;但也有一些超实数是两者与无穷小数的混合。当我发现了它们以后,在六周的时间里我陷入了无穷无尽的白日梦,想象着探险者科尔特斯(Hernando Cortez)当时如何眺望太平洋和西方人前所未见的这一片世界。我所看见的还从未被人看到过。虽然它是完全抽象的,但同时也是真实的。数可以比物理对象更为真实。我所发现的不仅仅是数,还有数的一个奇妙的新世界。

在我二十好几的时候,曾一度非常沮丧,因为虽然我很快就在剑桥大学找到了职位,但我觉得我所做的工作还不够称职。之后我做出了一个又一个的发现,首先是"大群",这在职业数学家看来是我最好的工作。紧接着,我发现了"生命游戏"和超实数。一段时间以后,好像我触摸的每一样东西都变成了金子,而几年之前我触摸的东西没有一样开

---

① 高德纳是四卷本《计算机程序设计艺术》的作者。他曾专门为康韦的超实数之发现写了一本小说 *Surreal Numbers*,有中译本《研究之美》,高博译,电子工业出版社,2012年。高德纳之名是计算机专家储枫在他访问中国之前为他专门取的中文名。——译者注

花结果。

　　做数学家是有趣的。数学事物的本体论是什么？它们如何存在，在何种意义下存在？毫无疑问，数学确实存在，但除了思考，你无法触碰它。这非常令人震惊。虽然我做了一辈子的数学家，至今都未能理解。数学是客观存在的。不容置疑，2 或者 3 或者 ω 的平方根（译者按：这里 ω 是某个超实数的记号）在那里，它们是非常真实的东西。我仍然不清楚在什么意义下数学对象存在，但它确实存在。当然，对一只猫在什么意义下在那里，同样也难以说清楚，但我们非常肯定地知道这一点。猫有一个难以对付的现实，但也许数学还要更加难以对付。你不能把猫推到一个它不愿意去的方向。对数你也不能这么做。我只提到了"数"这个词，因为这样的话你会对我的意思有一个大致的了解。数学家研究的对象比数更抽象，但仍然非常真实。

　　我经常想到猫，想到树，偶尔也会想到狗，但通常想到狗不如想到猫和树那样多，因为狗会讨人欢心。在某种程度上，狗会听你的话。有些人认为数学是我们所想的那个样子并由我们的想法所创造，但我不这么认为。我本质上是一个柏拉图主义者①，但我知道，要证实那个观点是极其困难的。

---

　　① 柏拉图主义指源于古希腊哲学家柏拉图（Plato）的一种观点。柏拉图主义者认为，数学的研究对象和构成内容在某种程度上是独立于人类思维的"概念世界"；他们甚至认为，就哲学意义而言，抽象形式比现实物质还要更基本。关于柏拉图主义，可见察吉尔（Don Zagier）的篇章。——译者注

弗里德里希·希策布鲁赫
(Friedrich E. Hirzebruch)

拓扑,微分几何,复分析

沃尔夫数学奖(1988 年)

波恩大学数学教授,波恩马克斯·普朗克(Max Planck)数学所前任所长

我 1927 年 10 月 17 日出生于德国鲁尔区北部的哈姆。父亲是一所初级中学的校长,并教授数学。很早的时候我对数字的兴趣就被唤醒了,在学校我最喜欢的科目是数学。我有很优秀的老师,而且通过学习父亲的数学书并跟他谈论数学,拓展了知识。

1937 年,我不得不加入德国少年团。我获悉了 1938 年的大屠杀。父亲叮嘱我们:"你们始终要记住,我对此是反对的。"我还不知道,我钟爱的作者拉德马赫(Hans Rademacher)已经在 1933 年离开了德国,而托普利兹(Otto Toeplitz)也丢掉了他在波恩大学的教授席位[①]。托普

[①] 希策布鲁赫这里所暗指的应该是,他喜欢拉德马赫与托普利兹合著的《论数与形》(*Von Zahlen und Figuren*)一书。该书有根据英译本 *The Enjoyment of Math* 翻译的中译本《数学欣赏》,左平译,北京出版社,1981 年。——译者注

利兹 1939 年逃到了耶路撒冷,1940 年在那里去世。

1945 年 3 月,我成了一名军人,而在 4 月沦为战犯,被关在莱茵河畔的牧场,不论晴雨都在户外劳作。我在卫生纸上演算数学,那是唯一可以找到的纸张。1945 年 7 月我被释放。我们全家人都还活着,可是家被炸弹毁坏了。

为了得到定量供应卡,我需要打扫英军的兵营。但就在第一天,一位英军长官过来用流利的德语问我在那里做什么,我真正想做的又是什么。我说:"数学!"他将我带上他的吉普车并送我回家:"学习数学!"我的确这么做了。直到今天,我都为当初没有问悉他的姓名而感到遗憾。

1945 年 11 月,我开始在家附近的明斯特大学学习数学和物理。城市和大学都被严重毁坏,只残留下唯一的演讲厅,每三周才轮上一次数学课,其他时间我们必须在家里做练习。学习条件很快得到了改善。我的老师是本克(Heinrich Behnke)(复分析)和肖尔茨(Heinrich Scholz)(数理逻辑)。我喜欢我所担任的肖尔茨的学生助理职位,但我偏爱更脚踏实地的复分析。感谢本克,我得到了苏黎世理工学院 1949—1950 年的研究员职位。我从我的老师霍普夫(Heinz Hopf)和埃克曼(Beno Eckmann)那里深入地学习了拓扑。1950 年夏天,我在明斯特拿到了博士学位。我和未来的妻子——也是一个学数学的学生—— 一起在答辩之后的庆祝晚会上跳舞。在那个晚会上我就很肯定,我们将要结为夫妻。1952 年,我们在普林斯顿完婚。家是我的港湾。

在埃尔兰根当了两年科学助理之后,我在 1952—1954 年成为普林斯顿高等研究所的研究员。这是我数学生涯定型的两年。在普林斯顿和巴黎的几个睿智的数学家的影响下,我学习了拓扑、分析、代数几何中的新的数学理论,并最终融合到我的黎曼-罗赫定理(Riemann-Roch theorem)中。普林斯顿的成果使我获得了波恩大学的教授席位。自 1956 年 6 月起,我开始在波恩工作,并且此后一直在那里。

我是如此地钟爱普林斯顿,以至于我想在德国也成立一个类似于高等研究所数学院的研究所。我开始邀请教授来德国访问。1957 年，德国第一次数学年会召开。与我合作了 9 篇论文的阿蒂亚（Michael Atiyah）是第一个报告人。1969 年，波恩大学成功地向德国科学基金会申请，将理论数学作为一个特别研究领域（合作研究中心）。从那时起，我们有了来自世界各地的造访者，他们在各自喜欢的方向工作，彼此合作并相互影响。合作研究中心没有维持很久。但是，数学年会和合作研究中心是如此成功，以至于马克斯·普朗克协会于 1981 年决定在波恩成立一个马克斯·普朗克数学研究所（马普所，MPI）来负责数学年会和合作研究中心的活动。无论何时，我们都有大约 60 名访问者。我一直担任马普所的所长，直到 1995 年 10 月退休。马普所欣欣向荣，我很乐意不时去那里转转。

亚诺什·科拉尔
(János Kollár)

代数几何

普林斯顿大学,数学教授

　　与其他许多在东欧长大的数学家一样,我的数学生涯始于高中数学奥林匹克竞赛。从初三开始,最优秀的数学尖子生在严格的竞赛中求解问题。首先是在当地的城市或省里参加竞赛,然后是代表省队参加国家级的竞赛,最后是代表国家参加国际性的竞赛,考验他们的技能。每个参赛者有 4 个小时解决 3 个难题。通常,只有最好的学生可以解决一个以上的问题。我从前不是优异生,因此当我在初三的这些竞赛中脱颖而出时震惊了许多人。直到高中结束,我最喜欢的时间是每两周一次的周日下午的聚会,50 个数学尖子生一起做数学问题,一起学习,一起成长。这种竞赛、挑战和兴奋都是令人愉快的。

　　对我来说,应对这样的挑战仍然是我研究中的主要兴趣。在我看来,数学在所有科学中是最浪漫的。我童年里最喜欢的是那些英雄单枪匹马闯荡未知世界的故事:马可·波罗(Marco Polo)之旅、阿

蒙森(Roald Amundsen)的南极探险、艾凡赫(Ivanhoe)①以及威尼图(Winnetou)小说中的老沙特汉德(Old Shatterhand)的奇幻之旅。在数学研究中,这些故事所共鸣出的兴奋每周都重新焕发出来。在数学中,你不需要昂贵的设备,也不需要成百上千的助手。你独自一人面对未知,成败取决于你的智慧。对我而言,幸运的是,因为背不太好,所以挥动一支笔要比挥舞一把剑容易得多。

大多数的研究工作都费时费力,进展缓慢,也不知道会得出什么结果。有时,在求证新定理遭遇不顺时,我会默诵起奥登(Auden)的诗句:"他还得经受新的挫折(To fresh defeats he still must move)。"而研究如果最终成功了,我经常会想起勃朗宁(Browning)的一首短诗:②

绕过地角,突然出现一片海涛(Round the cape of sudden came the sea),

太阳从山的边缘透射出来远眺(And the sun looked over the mountain's rim):

他面前是一条笔直的金光大道(And straight was a path of gold for him),

我面前是我对男人世界的需要(And the need of a world of men for me)。

发现数学中意料之外的美并与人分享——还有比这更美妙的事情吗?

理查德·博彻兹
(Richard Ewen Borcherds)

数论,格,自守形式

菲尔兹奖(1998 年)

加州大学伯克利分校,数学教授

儿时我曾以认真的态度学下棋,后来放弃了,因为不如我所预期的那样擅长下棋。高中时我最喜欢的科目是数学。但高中的数学并不很有意思,于是我开始自发地阅读关于数学的书籍,譬如哈代(G. H. Hardy)与赖特(Edward Wright)的《数论导引》[①]。

一个一直令我不解的问题是,数学究竟为何存在?这也许是那些或许永远不会有任何有意义的答案的诸多终极问题之一——就像宇宙为何存在?又或者,何谓意识?例如,关于群的公理简洁而自然,不到一行就可以写下来,解释了事物对称性的自然观念。而以某种方式隐藏在公理背后的是魔单群(monster simple group),一个庞大而例外的

---

① 有两个中译本:《数论导引》,张明尧、张凡译,北京:人民邮电出版社,2008 年;《哈代数论》,希思-布朗(D. R. Heath-Brown)与西尔弗曼(J. H. Silverman)修订,张明尧、张凡译,人民邮电出版社,2010 年。——译者注

数学对象,其存在看起来依赖于一些惊人的巧合。从群的公理看不出有任何的迹象表明存在这样的东西。事实上,在魔群——最大的例外单群——的存在性被发现之前,数学家已经用了上百年的时间研究这些公理。这就像一个人从地上的一个小泥洞开始勘探,在沿着狭小的通道艰难地行走了几英里之后,最终通向了一个广袤的洞穴,其岩壁上处处都挂着水晶。在下述意义下,魔群显然有一些独立的存在性:半人马阿尔法星球上的棕色皮毛的造物也将发现它,并同意我们关于魔群的诸如大小的种种性质。这是将高级的科学与知识从糟糕的科学与知识中区分开来的一种方式:半人马阿尔法星球上的先进文化中将有广义相对论、伽罗瓦理论(Galois theory)的等价物,但在我看来,他们不大可能有类似于后现代主义和我们的宗教故事之类的任何东西。我不确定他们当中有没有像莫扎特这样的艺术家。然而,看到这些数学对象整合得如此之好,我有一种幽灵般的感觉:在那个星球上它们也被某些生命创造了。

我不认为"智能设计"已经理解了这个论证,而作为呈堂证供,我乐意指出我创造的"愚蠢设计理论":宇宙确实有一个创造者,但那是一个极其无能的、平庸的创造者。

我更喜欢避开主流数学研究而单干。由此引发的一个问题是,大部分富有成效的领域都属于(几乎是根据定义)主流研究,而其余的领域通常非常狭窄。我本人的研究经历让我想到一个捡废品的人,他在一个很大的废品堆里挑挑拣拣,试图找出一些没有被其他人发现的有价值的东西。偶尔你会发现一颗新的钻石,但在大多数时候你仔细检验望眼欲穿的只是一块废品。

大卫·芒福德
(David Mumford)

代数几何,人工智能

菲尔兹奖(1974年),沃尔夫数学奖(2008年)

布朗大学,应用数学教授

在我本人的经历中,通常的数学特别是纯数学,一直就像是一个秘密花园,在那里我可以尝试种植异常美丽的理论。你需要一把钥匙才能进入这个花园,为了获得这把钥匙,你必须将数学结构置于你的脑海里,直到它们如同你所在的房间那样真实。我的祖母就有这个天赋:她是最早一批在剑桥的数学荣誉学位考试中击败大多数男生的女生之一。我的姑姑也有此天分:当她也在剑桥读数学时,她称复数是"令人愉快的小说"。

我出生于英国苏克塞斯的斯里布里奇斯(Three Bridges),三岁时来到美国,住在我母亲长岛湾的家里,后来我父亲在新成立的联合国工作。我母亲和外祖父也都鼓励我对科学的兴趣。他们都喜欢天文学,我用自己的透镜支一架反射望远镜来观察太阳黑子、月球和其他星球上的环形山。但我在动手能力方面没有天分,因此当电火花点燃指令

的纸带时，我自制的继电器式计算机自动就坏了。在哈佛，我最终遇到了真正的数学家，他们谈论像"环"（ring，一种代数结构，与戒指完全无关）和"桶形空间"（barreled space，一种无穷维几何，其中函数成为空间中的点）这样的东西，这确实是一个秘密花园。

从专业上看，我有两大爱好。在纯数学方面是代数几何，特别是其中的模空间。代数几何是费马（Pierre de Fermat）和笛卡儿（René Descartes）开创的，研究的是欧几里得空间中由多项式方程定义的轨迹（称为"代数簇"）。模空间是一类特殊的代数簇，它们起的作用可以理解为刻画该领域的所有其他对象（其他代数簇）的"地图"。你选择一类特定的代数簇，例如椭圆曲线，那么所有这些曲线的同构类就构成了这个模空间的一个点。因此，在这个理论中，模空间是非常要紧的空间，就像一本书的索引那样。我的目标就是揭示模空间的内蕴性质。

我的另一个爱好在应用数学方面——人工智能，特别是找出描述思维的正确的数学方法。在这个探索过程中，很多错误的尝试和终告失败的"突破"都被废弃，不过我的备选对象是贝叶斯统计（Bayes statistics），而且我已经用这些想法努力寻找视觉感知的模型。在应用数学中，你总是担心你是否关注了数据，或者是你是否在逼迫现实服从于数学的约束。但我确信我的选择是正确的。柏拉图（Plato）说，"划过天际的火花……只有用理智和思维才能理解"，但新的实验历来倾向于推翻旧的理论。

据说，当今很大一部分成功的科学家和艺术家都患有阿斯伯格综合征（Asperger's syndrome）。也许这是他们为了专注于其工作所难免的。其负面效应是，他们与周围的人疏远，与现实生活脱节。为了避免这一点，你需要的是一个家。我曾被我的第一任妻子艾莉卡（Erika）幸福地带回了现实生活，她是一个诗人，我们一起生养了 4 个可爱的孩子；还有我的第二任妻子，珍妮弗（Jenifer），她是一个画家，在艾莉卡因癌症过世以后,我们结为伴侣。现在我退休了,充分享受到一个扩充了的大家庭的天伦之乐,现在除了我原先的 4 个孩子,还有 3 个继子、媳妇和女婿一共 5 个,还有 12 个孙子辈的小孩(请原谅数学家在盘点福祉时如此精确)。

布莱恩·伯奇

(Bryan John Birch)

数论

牛津大学,荣誉退休数学教授

我的祖父自力更生,创立了一个制熏肉的工厂。在那时,传统上是由长子继承家业,因此,虽然父亲有明显的数学才能,也毫无上大学的可能。父亲是一个不情愿但非常成功、非常受欢迎的老板,但轮到他的孩子考虑职业生涯时,他确信他的孩子应该自己做主,我们因此非常感激他。

小时候我就一直喜欢做加法求和,我的职业是数论研究。大约 8 岁时,我问一个年长的绅士,为了当数学家我应该做些什么。他告诉我,他认为数学家通常是剑桥大学三一学院的研究员。我不知道如何成为三一学院的研究员,不过看来好像需要以非常优异的成绩通过考试(这当然是我所擅长的),还要学习许多数学,不管怎样这是我想做的事情。幸运的是,我很快认识到,这样"学习"数学是不恰当的:因为数学的重点在证明,这意味着要准确地理解命题之所以成立的理由。

最终,我赢得了三一学院的奖学金,并为了数学学位考试而学习。

这是一段精彩的经历：剑桥是一个美丽的地方，我人生中第一次努力去做最喜爱的事情，与许多能力强的同学一起思考数学。在我的本科课程结束时，卡斯尔斯(Ian Cassels)同意指导我做研究。他建议我研究几何数论中的一些问题，我没有特别费力就解决了。他让我去参加达文波特(Harold Davenport)在伦敦大学学院的精彩讨论班，在那里我了解到攻克真正难题的巨大乐趣。由于我在几何数论方面的论文，我被授予三一学院的优异生奖学金。我想我已经实现了童年的抱负！我的学生生涯的最后一年是在普林斯顿度过的，在那里我体会到，数学最美妙的时刻是当你使得它的真理看起来既自然又必然的时候。

如果我将被世人铭记，那么应该是由于我分享了伯奇-斯温纳顿-戴尔猜想(Birch-Swinnerton-Dyer conjectures)。在我研究工作的起步阶段，我就认识了斯温纳顿-戴尔(Peter Swinnerton-Dyer)。在我去普林斯顿的那一年之前，我们合作了两篇不太重要的论文，他还教我欣赏歌剧。在普林斯顿，我读了韦伊(André Weil)的笔记，韦伊用线性代数群的"玉川测度(Tamagawa measure)"的自然语言重新表述了西格尔(Carl Siegel)关于二次型的工作。当我返回英国时，斯温纳顿-戴尔在刚刚成立的计算机实验室里工作。我们决定考虑下一个自然的情形——椭圆曲线，利用计算机来检验它们(在有限域上)的局部性质与(在有理数域上的)整体性质是否有关联。我们很幸运：确实存在一个非常精确的对应，它可以用曲线的 ζ 函数(ζ functions)表述。那时，对于这些函数的解析理论其实一无所知，因此我们必须自己探寻一切(用韦伊的话说，"他们必须学习一些数学")。结果表明，这个理论不可思议的优美，而且有待完成。我们享受了在美妙数学的一个全新领域做研究的乐趣，它如此优美，必定很重要。我们知道当时没有其他人(除了最亲密的朋友)了解我们发现了什么，因此我们能够在工作发表之前做了三年研究。

当我们开始合作研究时，椭圆函数和模函数的算术理论还不流行，而且没有任何明显的用处，但这个理论一直非常优美。现在，它对计算机安全工业非常重要，而且极为流行。在纯数学中，审美本能是对研究价值的一个最可信赖的引导，即使最初你感兴趣的只是可能的实际应用。

迈克尔·阿蒂亚
（Michael Francis Atiyah）

代数拓扑,代数几何

菲尔兹奖（1966 年）,阿贝尔奖（2004 年）

剑桥大学三一学院前任院长,剑桥牛顿研究所首任所长,爱丁堡大学荣誉数学教授

20 世纪的许多科学家有着复杂的移民背景,因为德国纳粹的迫害而被迫移民他国[①]。这个强行的世界主义也许拓展了这些移民科学家的视野并促进了他们后续的职业生涯。虽然我不是希特勒的难民,但我童年在欧洲和中东之间辗转。我母亲是苏格兰人,父亲是黎巴嫩人,我们居住在喀土穆。直到十六岁之前,我都在埃及念高中。我的祖母住在黎巴嫩。

1945 年我们搬到了英国,在我完成了剑桥大学的学习后,我们又在美国待了很长一段时间。我发现很难回答这个问题:你来自哪里?

---

① 例如,就数学家的情况,可参见: Reinhard Siegmund-Schultze, *Mathematicians Fleeing from Nazi Germany: Individual Fates and Global Impact*, Princeton University Press, 2009.——译者注

同样地,当被问及你是哪一类数学家时,我发现回答也是同等的困难。我通常这样回答这个问题,只是简单地说,我是一个广义下的几何学家,这样好像在"上帝是几何学家"的名言(译者按:语出柏拉图)中找到了慰藉。对我来说,仿佛只有一个世界,虽然我对它的某些部分比其他部分更为熟悉,因此,只存在唯一的数学。我不喜欢政治或文化上的隔阂,我发现忽略它们对创造性思维是一个重要的刺激。思想应该在其自然过程中毫无阻碍地涌动出来。

我的数学发展轨迹始于代数几何,然后慢慢自然转移到拓扑和微分几何,再到分析,最终则归宿到理论物理。每一个阶段都是非常美妙的过程,与许多合作者建立了密切的友谊,拓展了我的视野。波恩的希策布鲁赫(Fritz Hirzebruch)是我的第一个同事和良师益友,他的数学年会成为我这一代人的一个聚会胜地。在巴黎和普林斯顿,塞尔(Jean-Pierre Serre)通过他清晰优美的思想和讲解教育了我。

在普林斯顿、哈佛和麻省理工学院,我先后与博特(Raoul Bott)和辛格(Is Singer)建立了亲密的合作关系,他们教会了我李群和泛函分析。回到牛津,在老朋友彭罗斯(Roger Penrose)的引导下,我向现代物理迈出了尝试性的第一步。在威滕(Edward Witten)的刺激和引导下,这个适度的涉足后来发展成为主流。在以后的岁月里,我很幸运地吸引到许多聪明的研究生,其中有些人最终成了我的同事和合作者。我从他们那里学到很多,并同时意识到,数学品味和技能如何反映了一个人的性格。风格和观点的多样性是受欢迎的,在最少的指导和最多的自由和鼓励下,创造性绽放得最旺盛。

数学家通常被认为是一种智力机器,他们的大脑可以处理数字并输出定理。其实正如外尔(Hermann Weyl)所说,我们更像富有创造性的艺术家。虽然我们受到逻辑和物理经验的强烈束缚,但我们利用想象大幅度跳跃到未知。几千年以来的数学发展是一个巨大的文明成就。有些数学家,最著名的是哈代(G. H. Hardy),以数学的"纯粹性"

而荣耀并蔑视任何有实际应用的东西。我采取相反的观点，而且如果我做的任何东西最终发现有实用价值会令我非常高兴。更一般地，我认为数学应该为科学和社会做出贡献，而且数学是教育和学习的主要部分之一。

　　因为这些观点，我一直认为有责任担当某些一般的角色，例如皇家学会会长、剑桥三一学院院长、帕格沃什①的主席。数学家的前途和随兴所至的研究特权最终依赖于社会。因此，作为回报，我们必须以各种方式偿还这笔债务，促使我们的同胞对这个奇特的职业采取友好宽容的态度。

---

　　①　原注：帕格沃什（Pugwash）是一个由具有影响的学者和公众人物组成的组织，他们关心减少武装冲突的危险，并寻求全球问题的合作解决方案。

伊萨多·辛格
（Isadore Manual Singer）

分析，微分几何

阿贝尔奖（2004 年）

麻省理工学院，数学教授

自 1917 年从波兰移民后，我的父母在加拿大多伦多相遇结婚。他们搬到了密歇根的底特律，1924 年我出生在那里。我是一个聪明的学生，但没有目标。暑假里我打棒球、看书。当高中化学老师给我们介绍优美的元素周期表时，我意识到了科学的世界。不久，我成了科学俱乐部的主席并讲演相对论。

1941 年秋，我入学密歇根大学，在物理与英语文学中，我选择了前者作为专业；对我来说，电磁学比诗歌要更容易理解。由于第二次世界大战，我在 1944 年 2 月成为美军陆军通信兵之前仓促完成了本科学业。战争结束后，我在吕宋岛的一个陆军学校为菲律宾的陆军部队培训无线电通信。当我的同僚晚上打扑克的时候，我正全神贯注于芝加哥大学提供的两门进修课程，一门是微分几何，另一门是群论。我发现，为理解本科的相对论和量子力学课程，我需要具有更好的数学功底。

1947 年 2 月，我进入芝加哥大学研究生院，计划先念一年数学再回到物理学。但数学是如此令人振奋，以至于我留在了数学系。当时我不知道，在接下来的岁月里，高能理论物理与现代数学将走得很近，而且几何与物理的互动将最终成为我科学生涯的焦点。

作为研究生，我很快补上了数学基础的不足，并主攻分析。1949 年，陈省身[①]加入了数学系，他的几何课非常吸引人。我用图像而不是语言思考，而陈先生利用了恰当的代数工具来描述纤维丛的图像。在接下来的十年里，我和麻省理工学院的同事安布罗斯（Warren Ambrose）一起学习微分几何，将陈先生的方法现代化。

1962 年，我和阿蒂亚（Michael Atiyah）发现并证明了指标定理。它给出了一个公式，用外围空间的几何和拓扑表达了某些微分方程的解数。一个关键的例子是关于自旋电子的狄拉克方程（Dirac's equation）。指标定理及其证明将分析、几何与拓扑以一种出人意料的方式融合在一起。结果表明，许多经典的公式都成为指标定理的特例。我和阿蒂亚将指标定理沿着几个不同的方向做了推广。在最近 30 年，数学家和物理学家又进一步丰富了指标理论，并发现了它在高能物理中的应用。

在 20 世纪 70 年代中期，已经变得清晰的是，数学中的纤维丛的几何理论与物理学中的规范理论——它对描述基本粒子及其相互作用是基本的——是同一回事情。1977 年，我开办了一个数学物理联合讨论班，因为我想理解，物理学家如何将我如此熟悉的几何做量子化，还有，他们为什么想这么做。联系于数学与物理的新发现保证了这个讨论班的持续活力。

除了数学研究以外，教学和公共服务也是我学术生涯中的一个重要部分。从 1970 年到 2000 年，我为华盛顿特区的几个委员会服务，向

---

① 陈省身（1911—2004），与华罗庚（1910—1985）同时代的大数学家，20 世纪著名的几何学家。他的名字已经与高斯-博内-陈公式、陈示性类、陈-韦伊理论、陈-西蒙斯不变量等一起载入史册。——译者注

联邦政府与公众建议和解释科学对于国民福利的重要性。在里根执政期间，我是白宫科学委员的成员之一，也是国家科学院的科学与公共政策委员会的主任，这些经历极大地开拓了我的视野，不论是对科学与科学基金，还是对科学创造所需要的人。

我现在80多岁了，我对数学及其应用的热情从未消减。大自然是数学化的，这一点令人敬畏。也许有一天我们对我们的大脑理解得足够好了，就可以解释这个神奇了。同时，我仍继续在草稿纸上写写画画，试图将我的几何直觉引入到物理学谜题的破解中来。

米哈伊尔·格罗莫夫
（Mikhael Leonidovich Gromov）

几何群论，微分几何

沃尔夫数学奖（1993 年），阿贝尔奖（2009 年）

纽约大学库朗数学所杰伊·古尔德（Jay Gould）讲座教授，法国高等科学研究所教授

世界在我们大脑里的印记并不是图像化的：大脑所知道的外部世界只是一串混沌的电子脉冲，它从中构作出一个结构化的实体，这就是我们对所见所闻的感知。大多数时候，成年人的大脑是自己跟自己说话，以在其中创造越来越精细的结构。词语"结构"意味着一个数学结构，在这个自我交流过程中，它变得越来越抽象，组织得越来越合逻辑。就数学能力而言，每个人的大脑已经超越了一切时代的伟大天才。给定了同样的输入，例如海星，任何人都无法立即提炼出像五重对称性这样的抽象特征来，但你的大脑可以在瞬间把它识别出来，而不论该对象的具体的尺寸、形状、颜色如何。

然后，在某个时刻，大脑创造结构的这个过程与大脑的语言部分发生联系，语言部分可以产生想法，而这些想法是能够被你有意识的心智

感知和控制的。数学从这里开始了。你的大脑天生地就由某个未知的原因和未知的过程驱动,创造出作为大脑接收到的所输入的抽象结构。当这种输入反映了大脑已经从外部世界创造的结构时,它开始在结构内分析这些结构。当这个过程达到表层(你大脑活动的最小片段,即我们所说的意识)时,这就变成了数学。

我们都被结构化的模式所吸引:音乐旋律的周期性,装饰品的对称性,计算机输出的分形图形的自相似性。而我们自身所具有的结构是一切结构化模式中最吸引人的。哎,可惜我们大脑中的大多数结构都隐藏起来了。当我们能够将这些结构转换成文字时,它们就变成了数学。要将它们表达出来并使其他人理解是极其困难的。设想有一个聋人村,在那里交流音乐全凭读写乐谱。你一点一点学会如何欣赏写成乐谱的音乐,你的大脑听到了它就好比接受一个神奇的治疗;于是大脑要求更多的音乐。大脑是我们的主人,虽然只占体重的2%,却占用了身体供氧的20%;你不能拒绝它们的要求。为了构造进入大脑的一切事物的结构,你成了一个数学家,成了这个贪得无厌的饥渴的大脑的奴隶。

凯文·柯利特
(Kevin David Corlette)

李群，微分几何

芝加哥大学，数学教授

很小的时候我就对科学产生了兴趣，那是大概五六岁时。我出生在一个具有特殊宗教信仰的家庭，但我很早就清楚，他们的观点不符合我的世界观。然而，它引发了我的想象力，我断定我需要某些东西来理解呈现在我面前的确定性。我之所以对科学产生兴趣至少是出于这个需要。科学是一种方法，可以用来建立宇宙的一个基本性质——确定性，（对我来说）宇宙是基于思想的可靠探究和测试，而不是模糊的宗教信仰。

我最早的科学兴趣主要是化学和生物，也许是因为，它们看起来最可能控制住出现在生活或自然的表面中的混沌。长大一些后，我的兴趣转移到了我认为更为基本的一些方向：物质、空间与时间的本性。我最初对数学产生兴趣，仅仅是因为它是物理学所采用的概念工具。在初二，当我学习欧几里得几何并在构造证明中发现乐趣时，我体会到了数学内在的趣味。我认为，数学要更为成熟，而理解数学为我展现了

一种希望,我可以更有把握地探究到确定性的起源。从那时起,我在物理和数学方面的兴趣齐头并进,进了大学我才立志做一名数学家。

20世纪80年代,我来到哈佛研究生院,师从于像博特(Raoul Bott)和陶布斯(Clifford Taubes)这样的数学家。我的想象力被当时围绕于规范理论和辛几何的思想激流俘获了。有一段时期,我研究一个称为希钦-小林猜想(Hitchin-Kobayashi conjecture)的东西,但没有取得多少进展〔它最后分别为唐纳森(Simon Donaldson)、乌伦贝克(Karen Uhlenbeck)和丘成桐独立解决〕。我放弃了证明这个猜想的尝试,但仍然为引出该猜想的一般框架着迷,它涉及动量映射(辛几何中的一个概念)的零点的存在性与代数几何中稳定性概念之间的关系。我发现了另一个一般的例子,在其中可以考虑这样的一个关系,涉及的是黎曼流形(Riemann manifold)上向量丛的平坦联络。在这个背景下,我成功地证明了希钦-小林猜想的类比,只是在后来才意识到我的工作可以用熟知的调和映射的语言来表述。这个发现引出了一些引人注目的成果。其中之一是辛普森(Carlos Simpson)对凯勒流形(Kähler manifold)发展起来的非交换版本的霍奇理论(Hodge theory)。我的定理提供了辛普森所需要的对应的一个方向,而另一个方向则由辛普森本人在他的哈佛博士学位论文中给出(但那时我们都不知道对方在做什么)。另一个成果是,对某些秩为1的李群中的格的超刚性的证明。高秩李群中的格的超刚性现象,在20世纪70年代为马古利斯(Gregory Margulis)发现,但已经清楚的一点是,对于超刚性可能成立的秩为1的情形,需要全新的想法。

结果表明,调和映射可以应用于这个问题,但为了配合使用高维中的马古利斯定理,需要考虑映到带奇点空间的调和映射。格罗莫夫(Mikhael Gromov)和舍恩(Richard Schoen)在20世纪90年代发展了这样一个理论,而且能够应用我推广的萧(荫堂)-博克纳公式(Siu-Bochner formula)来证明所期望成立的秩为1的情形下的超刚性。这些思想在这些漂亮而且出人意料的方向发展是引人注目的。

张圣容
（Sun-Yung Alice Chang）

几何分析

普林斯顿大学，数学教授

我出生在中国的古都西安。时值战乱，因此我们举家搬迁到香港，在我两岁时又迁到台湾。我父亲是建筑师，母亲是会计。我在台湾长大，升入了台湾大学。

长大以后，我对中国文学特别着迷，不过数学也很在行。我发现数学简练而优美；我欣赏这种逻辑的思维方式。第二次世界大战以后，台湾的经济很不景气，因此那些有科学和技术背景的年轻人更容易找到好工作而自立。我之所以决定在大学主修数学，部分就是出于实际的考虑。我本科的数学班看起来是非常特别的一届——班上 40 个学生中有 12 个是女生。从大一开始，我们 5 个人组成了一个团体[①]，一起

---

① 据张圣容教授回函："我大学同班有许多女同学，其中最常切磋的有胡守仁、金芳蓉、吴徽眉和刘小咏（已早逝）。"此外，陈省身先生还专门写过一篇传记《记中国的几位女数学家》（与康润芳合作）介绍张圣容、李文卿、金芳蓉、吴徽眉、滕楚莲、萧美琪六位女数学家，该文最初发表于台湾《传记文学》66 卷第 5 期（1995 年），也收入《陈省身文集》第 152—161 页，张奠宙，王善平主编，华东师范大学出版社，2002 年。——译者注

学习一起玩耍。我们是班上最喧闹的一群,乐趣多多。只是在进入了伯克利研究生院我才知道,做女数学家可能是一种孤独的经历。

在加州大学伯克利分校的研究生院,我的课题属于古典分析。粗略地说,数学有三个分支:分析、几何与代数。在分析中,通常将事物分成许多小片;单独分析每一个小片然后将信息拼接起来。

在研究生院最后一年,我与我的一个同学结了婚。我的丈夫杨建平(Paul Yang)是一名几何学家,从形状和图形的视角来看待事物。婚后早些年,我们只是粗线条地谈论数学,从来不与对方讨论各自的研究计划。慢慢地,我们意识到,我们研究的一些问题既可以从几何的观点看也可以从分析的观点看。在结婚十年之后我们开始一起合作研究。我们现在研究的领域称为几何分析,用分析中的方法解决几何问题。一个主要的问题是将某些四维流形分类。这个问题与物理学中的问题紧密相关,因为我们生存的空间是三维的,但还有一个额外的时间维数。

我一直觉得,像音乐一样,数学也是一门语言。为了系统地学习它,有必要一小块一小块地慢慢吸收,最终达到浑然天成的效果[1]。从某种意义上说,数学又像古代汉语——非常典雅而优美。听一个精彩的数学讲座就好比听一场精彩的歌剧。万事齐全,一切都趋向问题的中心,我享受数学!

---

[1]　在台湾淡江大学数学系教授胡守仁对张圣容的采访[《数学英雄的孤单与坚强》,见台湾《科学月刊》第 44 卷(2013 年)第 9 期,696—703]中说:"数学虽然算是科学的一支,但更接近艺术或音乐,它极具原创性,可以有很多方法来学习和掌握。对我而言,我发现学数学就像学弹一首曲子或唱一首歌。你先学一小段基本的旋律,试着掌握它,然后加上另一小段,再掌握它,期待慢慢地掌握了整个作品。"——译者注

丘成桐
(Shing-Tung Yau)

微分几何,偏微分方程

菲尔兹奖(1982 年),沃尔夫数学奖(2010 年)

哈佛大学,数学教授

我在中国香港的一个乡村长大。那里风景优美,有牛和其他动物,可以看到大海和群山,我小时候就在这片土地上学。后来我到了城里上学。我的父亲①是中国哲学和经济学教授。那时候教授的薪资不高。我从父亲那里学到了很多,不幸的是,在我 14 岁时,他去世了。因为我们家非常穷,而且全家 8 个兄弟姐妹,所以母亲需要非常艰辛地劳动,而我们也因此学会了奋力生存。

我在香港大学念了本科。我从那里的教授学到很多,但仍然觉得不够,因为大多数老师都没有博士学位。在大学期间,一个来自伯克利的教授推荐我去伯克利念研究生。1969 年,我去伯克利求学。当时在

---

① 即丘镇英(1911—1963)。丘成桐教授曾撰文讲述他父亲对他从事数学研究的影响,见《训子纯深:先父及中国文学对我数学工作的影响》,网上有电子版。另外,同时可参阅丘教授的另一篇自述文章《我的数学之路》,网上也有电子版。——译者注

伯克利有许多反战示威和学生运动。两年之内我完成了博士研究和学位论文。毕业后我开始考虑，接下来要做什么，对我而言什么课题是最好的。那时在伯克利有将近 100 位数学教授。这是一个大系，我毕业那年有 60 个博士。

作为几何学家，我对几何分析很感兴趣。我起步时，许多几何学家对分析没有兴趣。我认为将两门学科结合在一起非常重要。我应用大量的非线性微分方程来研究微分几何。我对数学物理很有兴趣，而且我在物理界的朋友对我帮助极大。接着我开始研究广义相对论中的曲率，而且颇有成果。我解决了这个学科里的一些重要问题，并在后来发展到弦论中。在过去的 15 年，我用了很多精力来研究曲率以及它如何关联于弦论。我的许多工作与物理有关。我也研究曲率以及它如何关联于工程和计算机制图。

数学家介于两者之间，一边是画家和作家，一边是物理学家、化学家和生物学家。我们尽力从物理世界获取自然的问题，但我们也尽力基于自身对自然的理解的发展来提出问题。这就像画家在作画。有些画是逼真的，于是你看到了这个世界；但画家也可以观察自然并以一种抽象的方式创造一个相关的影像。我们有时也那么做。我不想与自然离得太远。像画家一样，有些人喜欢远离自然世界，而有些人则不。不同的人有不同的喜好。

约翰·纳什
(John Forbes Nash)

博弈论,微分几何,偏微分方程

诺贝尔经济学奖(1994 年),阿贝尔奖(2015 年)

普林斯顿大学,资深数学家

我出生在西弗吉尼亚南部的一个小城。我的父亲是电气工程师。因此,有一阵子我可以去他的办公室玩弄计算器,计算器在当时是不常见的,而他们刚好有。我很早就发展起对算术的兴趣,并且自学数学,因此在进大学之前我就学了高等数学。父母安排我在城里的高中继续完成学业,同时花部分时间到当地一所两年制专科学校学习。

我来到卡内基梅隆念本科,因为我获得了一份特别的奖学金而指定在那里学习,这解决了我所有的学费。后来我成了普林斯顿数学专业的研究生。

我的"精神病"(就像被称呼的那样)时期开始于 1959 年。在不犯病的间歇中我虽然能恢复理性思维,但并不快乐,也没有良好的判断力。在那样一个间歇之后,我又重新回到妄想错觉中去,直到多年以后我才慢慢摆脱出来。

与作诗不同,数学思维是一种逻辑和理性思维。一般来说,可以有效地研究数学的人必定在做这类事情时最能理性地思考。然而,我能够理解,一些有某种专门的妄想倾向——如一些极端的、非典型的虔诚的宗教取向——的人也可以成为优秀的数学家。这看起来是可能的。

我最著名的工作是对博弈论的一些贡献。我因为这项工作而获得了诺贝尔经济学纪念奖。这不是数学中的一个奖项,虽然我做的是数学工作①。它利用了拓扑学中的一个非常重要的定理,即布劳威尔不动点定理(Brouwer fixed point theorem)。那是一个具有特殊的拓扑或几何特征的定理。它与空间有关,但可以是任意维数的空间。

目前有一些特别吸引我的研究领域,包括博弈论、时空与广义相对论和数理逻辑。有一些数学家是具体问题的解决者,有一些人是理论开创者:他们长期在一个特定的数学领域研究紧密相关的课题。我不是后一种;相对来说,我没有那么专业化。

译者插语:纳什即电影《美丽心灵》(*A Beautiful Mind*)的主人公原型,注意到在电影最后的镜头中,很多教授赠笔给获诺贝尔奖的纳什,看来这是真有其事,不然,照片中的纳什为什么在口袋里插那么多笔呢?

纳什领完阿贝尔奖后回美国时,与夫人不幸因车祸去世。

---

① 一个著名的事实是,诺贝尔奖并没有对数学设置奖项。如果一个数学家荣获了诺贝尔奖,那最有可能的就是经济学奖了,而且事实上先后已经有好几位数学家荣获了诺贝尔经济学奖。——译者注

卡伦·乌伦贝克
(Karen Keskulla Uhlenbeck)

偏微分方程,规范理论

阿贝尔奖(2019 年)

奥斯汀得克萨斯大学,锡德·理查森(Sid W. Richardson)讲座教授

谈论过去总是容易的。我是一个幸运的孩子,成长于第二次世界大战后的兴盛环境下。我们在新泽西北部的农村玩耍,为这个伟大的世界——艺术、音乐、科学和文化——提供给我们的机会做准备。我的母亲,一个艺术家,对我现在的生活来说仍然是一个主要的影响,虽然她已过世多年。正是通过她,我才得到了关于非传统的生活方式和智力抱负的一个恰到好处的引介。

别忘了,在穷乡僻壤的新泽西,一个女孩期望的事情不会是做数学家。通过我的工程师父亲,我发现了物理学家伽莫夫[①]和天文学家霍

[①] 伽莫夫(George Gamow,1904—1968),美国著名的核物理学家、宇宙学家、生物化学家,命名并传播了宇宙开始的"大爆炸"理论。他的《从一到无穷大》《物理世界奇遇记》是脍炙人口的科普书,都有中译本。——译者注

伊尔①的科普书。我许愿自己未来的生活能兼容户外活动和科学研究。从事任何行业对我来说都是可能的；而后来我如此地擅长并喜欢数学也许只是意外。

我在密歇根大学的头一年优等生课程里学习了数学。我依然记得取极限来计算导数的兴奋，以及证明海涅-博雷尔定理（Heine-Borel theorem）用到的小盒子。数学的结构、简练和美妙立即打动了我，我爱上了它。我依然清晰地记得我所理解的第一个定理的细节，而对我自己证明的定理则更是记忆犹新……就像课本中的证明一样，只需要猜想和创造，而不必偷偷翻书。到了那一步，离数学研究就很近了。我仍为那个独自进行的成功论证而高兴，虽然其他人建立在这些小想法上的大的复杂结构不断地令我感到敬畏。

在过去30年，我有幸成为主流数学发展中的一份子。在这期间，偏微分方程的理论和结构被发展用来研究几何。许多核心思想来自于理论物理。这是一段令人激动的施展才能的生活。向外行解释数学的力量和优美是很困难的。数学从外部世界汲取思想并使之抽象，变戏法似地创造成结构，然后得出一些广泛且有用的惊人结果。对我们大多数人而言，在与数学的所有的类比中，最好的是与音乐结构的类比。许多数学家都是正经的音乐家。

成为一个数学家需要什么呢？从我的经验来看，关键是对理论的迷恋和对其结构的操作。它不需要你很聪明，但需要你有对一个伟大游戏的热忱。

我并非如此肯定我为数学的有用性而愉快，（按照我母亲的说法）其用处很可能是弊大于利。我满足于审美的回报。

---

① 霍伊尔（Frederick Hoyle，1915—2001），英国著名天文学家，霍伊尔不仅是杰出的科学家，也是一位多产的作家。除了一系列的专著和科普读物，他还是十几部科幻小说和电视剧本的作者，被翻译成中文的有《太空仙女》《离太阳只有七步》《当代天文学和物理学探索》[与纳里卡（J. Narlikar）合著]《天文物理学前沿》。——译者注

詹姆斯·西蒙斯
(James Harris Simons)

微分几何

复兴科技公司（Renaissance Technologies LLC）创始人

我不记得哪段时间我对数学是不感兴趣的。我记得在很小的时候我就会计算 2 的任意次幂。当父亲告诉我,汽车里的汽油会用完时,我觉得不可思议,心想这怎么可能！因为当你用掉油箱里的一半汽油时还剩另一半,然后你再用掉一半又剩一半,可以一直这样下去。我并非特别擅长于算术。我做算术时会出错,但我知道数学适合我,而且努力地往前赶。当我进麻省理工学院时,已经学会了一些高等数学,因此起点略高一些。于是在我大一春季那个学期,我修了研究生的一门代数课程,因为它不需要预备知识,只要求数学上的某种成熟性——而这正是我所欠缺的。我艰难地学习这门课,做着习题但并没有真正理解它们。到暑假里,我突然一下子全明白了,一切都豁然开朗。第二年我选修了另外一门高等课程,又是同样的经历:一开始糊里糊涂,过了相当长一段时间,又一下子全明白了。

我从麻省理工学院毕业后到伯克利拿了博士学位,之后任教于麻

省理工学院和哈佛大学。我以数学家的身份工作了 15 年。我和父亲还跟某些麻省理工学院的朋友一起在南美洲做投资。结果证明这非常成功,但花费了很长的时间。与此同时,我忙于做数学研究。

在越战期间我去了普林斯顿从事密码破译工作。我就职于美国国防研究所。这是为国家安全局工作,属于高度机密。国防研究所允许我将一半的时间用于自己的数学研究。在那四年里,我解决了所谓的普拉托问题(Plateau problem)和伯恩斯坦猜想(Bernstein conjecture),它们是同一个问题的两个不同侧面。我老板的老板是一个叫泰勒(Maxwell Taylor)的人,一个非常有名的将军,同时也是肯尼迪(John Kennedy)的军事顾问。他为《纽约时报》杂志写了一篇文章讨论我们是如何赢得越战胜利的,观点愚昧至极,这激怒了我。我写了一封信给《纽约时报》说,虽然作为泰勒将军的下属,但我对于他的观点实在不敢苟同。自然地,我被解雇了。

在 29 岁时我需要找一份工作。纽约大学石溪分校聘请我去担任数学系的主任。我那时是一个做事雷厉风行的人,总想把新东西安排得井井有条。对此人们很了解。我接受了这份工作。我们建立起数学系,我研究数学并引出了以"陈(省身)-西蒙斯不变量(Chern-Simons invariants)"著称的东西。我在数学中仍然很活跃,但从某方面来说我很沮丧,因为我研究的问题无法取得进展。同时,南美洲的投资终于得到了回报。考虑到那一点,我认为转行的时机出现了,于是我转行了。

我进入投资市场时从来没有想过要应用数学。我有一些想法,而且很奏效。几年以后,我们开始应用数学,但那种数学完全不同于我之前所研究的数学。我曾花了 15 年的时间做数学家,研究几何与拓扑,非常抽象的数学。我在投资市场已经干了 30 年了,而且用了一些数学方法,但这个工作完全偏离于那些在学术界所必需的非常深刻而抽象的思维。

有趣的是,我在越战期间从事密码破译的工作对我极有帮助。作为密码破译者，你看到对手的大量数据；你有了想法，然后检验这些想法；大多数想法是错的；如果运气好，你猜中一些，然后开始得到正确的结果。这与预测金融数据相似：你有了想法，那么当某个事件发生后你会期待出现某种模式；你可以检验它们；你也许对也许错；这是使用数学方法的实验科学，但不是数学。

这个工作主要是建立金融市场的模型，希望通过恰当的组织数据以帮助预测未来，非常不同于在牛顿之前为太阳系建立模型的方式。我研究大量的金融数据，试图从中形成数学图景；这个工作可以做得很漂亮，但它完全不同于定理证明。最近几年，我又重新回来做一些纯数学的研究。当你在研究一个数学问题时，你会非常深入地思考它；躲开其他事务，集中考虑你的问题；你会在一些很奇特的场合得到灵感；这种难忘的经历经常发生在你置身于其他事务的时候，比如说在参加某个宴会或在看某个电影时。思考数学问题让你心无旁骛并忘却烦恼。这种感觉真好。做数学真有趣。

译者注记： 西蒙斯也译作赛蒙斯，清华大学有"陈赛蒙斯楼"。本文的翻译参考了王善平、季理真的文章《詹姆斯·西蒙斯——传奇数学家、金融家和慈善家》中的相应译文，收入《陈省身与几何学的发展》一书，第 97—108 页，丘成桐，杨乐，季理真主编，北京，高等教育出版社，2011 年。

菲利普·格里菲思
(Phillip Griffiths)

微分几何,代数几何

沃尔夫数学奖(2008 年)

普林斯顿高等研究所,数学教授、前任所长

我在北卡罗来纳州的农村长大,并且主要是在农村学校上学,然后去了亚特兰大附近的军事学院。南方的一个传统是就读军事学院。而那里正是我坠入数学爱河的地方。我遇到了一个极好的数学教师威尔逊(Lottie Wilson),她让我对数学这门科学有所见识,此后我便开始心无旁骛地思考数学。后来去了普林斯顿大学读研究生院,又在伯克利做博士后,研究的都是数学。我在哈佛大学教了多年的书,然后去杜克大学担任数学院院长。1991 年,我进入普林斯顿高等研究所担任所长。

对算得上数学珍品的东西,数学界往往有完全一致的评判。创造力是可遇而不可求的。你苦思冥想,穷追不舍,然而常常身陷困境不能自拔,于是暂时放开,转而做别的事情,突然间豁然开朗,你看到了一些希望。我们做数学主要是出于美学的动机。当然,物理也是一门非常优美的学科,然而它与自然紧密相连。数学是科学的语言。数学的实

际方面保障了我们的生活,例如各种安全码,又如各种经济部门的人控市场。

我最主要的兴趣一直是几何。我特别感兴趣的是现代几何,它与拓扑学(形状的几何学)、代数几何(代数方程及其图像与分析)与微分几何(诸如曲面、肥皂泡之类的可度量的形状)紧密相关。即使作为一个行政人员,我每天也把最初的几个小时用来做数学,而且我一直带学生。我喜欢学生,他们让我感到惊讶。他们接触一个对他们而言新鲜的学科,因而他们能够以不同的方式思考,而且,看着他们成长确实有趣。

在过去的十年里,我参与了世界银行的科技计划,主要是尽力帮助非洲建立一个本土的科学团体。在历史上,他们把学生送到国外学习,但这些学生往往不再回去。为了使得科学与技术对非洲生活的各个方面——不论是农业、医疗,还是经济——产生影响,他们不得不一直引进专家,因为他们自己的人才已经移民了。

在我们国家,进入数学和科学领域的年轻人不如从前那么多了,在欧洲国家也是如此。他们想进入商业。低端和终端的创意可以改良小玩具或生产线,这在亚洲一些国家很盛行。而在美国,强调得更多的是能够给你全新技术的创造力:科学与数学产生的高价值的智力财富。可以发现,从麻省理工学院、加州理工学院、斯坦福大学毕业的学生并没有减少。在这些地方,那一点仍然很重要。

然而不幸的是,科学教育特别是数学教育,从幼儿园到高中,情况都不太好。即使好学校也没把数学教好……我见过的新课本与我那时所用的课本比起来,简直令人害怕。首先,它们太厚了。如果你不能用150页讲明白一门课,那么你就没有充分理解这门课。你要把最重要的东西选出来解释清楚,如果做得好,学生们可以自己领会其余的部分。

在当今世界,科学知识尤为重要。许多工作都要求具备定量的、分析的技能。科学所教给你的事实就是基于证据推理的精神,而我们正是在这一点上失败了。要成为我们国家的好公民,你需要对科学有一个一般的认识。看看进化论的争辩,看看新闻和报纸上的种种数据,你就会发现,事实上,对于进化论的大意以及如何理解新闻报纸上的数据,许多人连最模糊的概念都没有。

造成这一问题的部分原因在于学校的教学。教师主要是通过教育院校走进教学体系,他们更多地停留在教学技能的层面而并没有深入到教育的本质部分。一个数学教师,哪怕是小学数学教师,都应该对这个学科达到硕士水平的了解。只有具备了如此深刻的了解,你才能用一种简单的方式更好地去教授初等的内容。否则,你可能会弄得不必要的过分复杂。威尔逊夫人,我的第一个数学教师,绝对是一个富有天分的数学家,这一点使她成为一名伟大的教师。

田刚

（Gang Tian）

微分几何与辛几何，几何分析

普林斯顿大学、北京大学，数学教授

我的母亲①是一名数学家，她研究希尔伯特第十六问题，并做出了突出贡献。这个问题研究的是由两个多项式决定的动力系统。在我很小的时候，母亲常常给我一些逻辑推理问题让我解决。这些问题大多数都不难但是很有趣。我乐于思考这些问题。母亲也曾给我讲述其他一些东西，例如历史掌故和中国古诗。在我七岁那一年，"文化大革命"开始了，并且持续了十年之久。在那段时期里，大学基本上都关闭了，父母亲都搬到乡下去住。因为学校无法正常上课，所以我与祖父母住在一起，充分地享受了许多自由时光。我和我的同学在工厂里、麦田里、操场上的劳作中找到了很多乐趣。母亲给了我两本旧数学书，一本欧几里得几何，一本初等代数。我在空闲时学习这两本书，并被深深吸引。我之所以喜欢数学，是因为它的抽象、优美和清晰。有时，想出如

① 王明淑（1931—1984），数学家，江苏省南京市人，曾执教于南京大学数学系。——译者注

何证明欧几里得几何中的一个定理要耗掉我不少时光，但一旦完成了，我就会有一种成就感并且很满足。不过当时我还不知道我会成为一名数学家，因为大学还没有复课，我甚至都不敢想象还有机会上大学。我以为能留在城里工作就是万幸了。

1977 年，中国的大学重新招生了。我非常欣喜，内心充满了希望。参加了两次高考后①，我被南京大学录取了。南京大学是中国的一所顶尖大学，就在我家附近。我在南京大学的求学经历很精彩。我在那里认识了很多朋友，并且打下了坚实的数学基础。我发现了更多的数学之美，并决定继续研究数学。1982 年，我进入北京大学攻读硕士学位。北京大学是中国最著名的高等学府之一。我在那里开始了关于分析与几何方面的研究。1984 年，我去美国继续深造，并且几年以后取得了哈佛大学的博士学位。从那以后，我一直在几何和偏微分方程领域工作。

我喜欢做数学研究，它不依赖于任何仪器。当我思考数学问题时，我感觉非常独立与平静。如果我恰好解决了某个问题，我会有一种成功和超越别人的喜悦。

我的一个研究领域是微分几何，它有很长的历史。几何中一个基本的问题是，理解曲率在研究空间时所起的作用。我的工作之一是，对给定的空间构造一个好的几何结构，即构造一个在某种意义下分布得更加齐性化的空间。这样一个优美的结构可以应用于理解底空间上的拓扑。为了构造这个优美的几何结构，我需要发展几何分析和非线性微分方程中的工具。我的另一个研究方向包括辛几何。我和我的合作者构造了辛流形上的不变量，并用来研究辛拓扑和构造方程的解。这些不变量的构造根源于经典枚举几何：过位于一般位置的任意两点，

---

① 据田刚院士解释，1977 年国家恢复高考招生，压抑了十年的人才喷涌而出，竞争异常激烈。因此考生需要先通过市区的选拔性考试，才有资格进入省里的高考。所以他经历了两次考试。——译者注

存在唯一的一条直线;过位于一般位置的任意五点,存在唯一的一条二次曲线;过位于一般位置的任意八点,存在 12 条三次曲线。结果表明,通过计数某些微分方程的解曲线,可以将这些结果推广到任意的辛流形。此外,甚至还能证明这些数字之间的一些漂亮关系。

广中平祐
(Heisuke Hironaka)

代数几何

菲尔兹奖(1970 年)

哈佛大学,荣誉退休教授

我的家族前辈中没有职业学者,虽然我父亲和叔叔都曾极度渴望成为学者,但均以失败告终。在我记忆中,父亲是一个百分之百的职业商人。但在我的黄金年代,城里的一些人告诉我,父亲在年少时具有不寻常的强烈"研究"欲望。在他 13 岁时,祖父去世了,父亲被勒令继承家里的产业。为了反抗他母亲的意愿,他开始绝食,直到医生宣布他的生命进入了危险期。另一个例子是我的叔叔,他是东京工学院的学生。他想成为一名物理学家,但由于他父亲的反对而放弃了这个梦想,接受了一份工程的工作来养家。幸运的是,我有许多兄弟,3 个哥哥,5 个弟弟,还有 6 个姐妹①。事实上我被允许喜欢任何抽象的东

---

① 广中平祐之所以如此多兄弟姐妹是因为,他父亲在第一任妻子过世以后曾续弦。更深层次的原因是,在第二次世界大战期间,日本政府鼓励全民多生多育。——译者注

西：音乐、数学等。

数学简练而清晰。我喜欢它。当我的姐姐有数学问题时她会求教我，我看看她课本中的例子，想一想要做什么，然后教给她。我高中时曾听过一位大学数学教授的讲座，并为他的一句话感到疑惑："数学是现实世界的一面镜子。"数学究竟是一面什么样的"镜子"呢？在进入京都大学以后，我参加了理论物理的一个讨论组，但即便那时我仍然确信我对数学的热爱。后来我加入了由秋月康夫（Yasuo Akizuki）和几个活跃的研究型数学家组织的代数几何讨论组。我是组里最年轻同时也是最受关照的成员。记得某个成员告诉我扎里斯基（Oscar Zariski）关于奇点消解问题的工作时，我极其兴奋。

1956 年，我幸运地见到了哈佛的扎里斯基教授，当时他正访问京都。更令人开心的是，我有机会进入哈佛研究生院。在哈佛，我不仅从扎里斯基教授那里，还从他的学生——如阿廷（Michael Artin）、芒福德（David Mumford）、克莱曼（Steven Kleiman）——和其他人那里学到了很多。在哈佛遇见格罗滕迪克（Alexander Grothendieck）也是我的幸运，他邀请我访问巴黎的高等科学研究所（IHES）。在 1959 年，IHES 是我所知道的数学研究所中最小的一个，仅有一个所长、两个教授和一个秘书，而我是唯一的访问学者。然而，IHES 的格罗滕迪克讨论班是巴黎数学圈中的一个巨大的引力中心。

在 1960 年取得哈佛的博士学位以后，我找到了第一份工作并成了家。我有一儿一女。差不多那个时候，我意识到我具备了证明高维空间的奇点消解所需要的一切。零零碎碎的技术思想聚在一起，结晶成整个证明，其基础是我以前获得的：① 来自京都的交换代数；② 来自哈佛的多项式的几何；③ 来自 IHES 的整体化技术。我称它们为我的幸运三元组。我极为兴奋并立即打电话给扎里斯基教授。他回话说，"你的牙齿必定很锋利"［译者按：因为这个问题（奇点的消解）是代数几何中最难啃的硬骨头之一］，而且提议为此专门开设一个讨论班。正当我准备在哈佛和麻省理工学院的代数几何学家面前展示这个证明时，我意识到我出发的定义有某些逻辑缺陷。我告诉扎里斯基说我需要暂时取消讨论班，他同意了。我花了几个月的时间集中精力重写整个论文。当我在校园里遇到扎里斯基时，他友善地询问我："你的定理还是定理吗?"我回答道："是的，还是定理。"我们数学家非常了解，一个"定理"（认为是已经证明的）也许会退化为一个"猜想"（其真伪还有待决定）。三个月左右之后，我完成了一篇仅有一个定理的长篇论文《奇点的消解》。

广中惠理子

(Eriko Hironaka)

几何拓扑

佛罗里达州立大学，数学副教授

我 12 岁那年的冬天，父亲[译者按：即广中平祐（Heisuke Hironaka）]坐在火炉边烤火，旁边围着他的三个学生，他们在讨论着什么。我坐在他身旁，一边看书，一边欣赏窗外的雪景，享受屋里的温暖。不知什么时候，我父亲和那三个年轻学生突然停止了讨论，陷入了沉思。这突如其来的宁静吓到了我，看起来要持续到永久，然而他们每个人看起来都非常惬意，完全沉浸到他们的世界中去了。过了许久，其中一个人开口说了什么，而其他人则露出了充满喜悦的笑容。我想，不论数学究竟是什么，它一定很美。

数学势不可挡地牵动着我，但我也为投身于父亲在其中是如此有名的一个领域而感到不安，因此直到相对较晚的大学阶段，我才开始学习数学。驱散心中的矛盾情绪需要很长时间，我在左右摇摆：是投入大量的精力到工作上，还是要远离这个看似狭窄得令人窒息而且竞争激烈的世界？现在，我好不容易才取得了圆满的平衡，伴有两个孩子，

一个做爵士乐手的丈夫，还有一份令人满意的大学教职。

回顾起来，我意识到，我一直有一种抽象思维的热情。我在双语家庭长大，并且在相隔遥远的不同地方上学：美国麻省、日本和法国。我学会了享受那种时刻，那一刻，理解从最初的混乱和不同语言与文化之间看似矛盾的地方浮现出来。某个地方"完全正常"的现象在其他地方的人看来通常是"不可思议"的：日本人吃生鱼但几乎绝不生吃胡萝卜；美国人在户外可以赤足可回家以后并不脱鞋。

我的数学研究倾向于找出看似遥远的领域之间的新的联系。在过去的几年里，我对代数整数和曲面同胚感兴趣。我们通常认为数是孤立的静态的，而曲面同胚则生成动力系统。两者都有定义良好的复杂度，或者说，与最简单模型之间的差距。在每一个框架下都可以提类似的问题。复杂度的行为如何？给定了一个复杂的对象，是否总存在一个具有更小复杂度的对象？如果存在具有最小复杂度的对象，它们是什么样子的？我利用组合构造处理了这些问题，同时适用于代数整数和曲面同胚，而且揭示了两者之间隐藏的联系。

儿时我就感到讶异：形状和模式如何可以从交响乐的声音中跳出来，数字看似与颜色有关是怎么回事？从哪里也看不出一条路线，使得我们可以看到代数整数、低维代数簇和奇点、纽结和链环的补、曲面的同胚与考克斯特系（Coxeter systems）的公共特性。我很感激能够参与进来，它与我童年的幻想契合得如此之好。最重要的是，我感到很幸运，能以自己的方式经历很多年前在我父亲和他的学生身上所见到的那种惊讶和满足。

约翰·米尔诺
(John Willard Milnor)

微分拓扑，K-理论

菲尔兹奖(1962年)，沃尔夫数学奖(1989年)，阿贝尔奖(2011年)

纽约州立大学石溪分校，数学教授、数学科学所主任

在普林斯顿大学的头一年，我第一次意识到我想做一个数学家。之前我也曾涉足数学——我的父亲是电气工程师，他拥有各种各样的工程师风格的数学书(还有一本从德文翻译过来的极其简洁的复变函数论初步)。而在普林斯顿，我发现数学比其他科目要简单得多！

物理固然吸引我，但课程往往看起来很无聊，而且我做实验总是不成功；音乐课告诉我，我没有一点音乐细胞；哲学课则完全是海阔天空不着边际；而教写作的一个富有创造性的教授则当着全班同学的面朗诵我的诗歌作为反面教材！相对而言，在数学系我瞬间有了一种回到了家的感觉。因为我的社交能力发展缓慢，我对如何与人打交道知之甚少。但是，数学系的公共休息室是一块乐土，有活泼的聊天，各种各样的棋类对弈，如国际象棋、围棋、军棋，还有在一旁胡乱支招的观战者。这个因纳粹导致的欧洲数学家的大量移民所造成的国际化环境，

对我来说是崭新的。[我们有时将这个地方称为"学蹩脚英语的系（Department of Broken English）"。]在普林斯顿，像福克斯（Ralph Fox）、斯廷罗德（Norman Steenrod）和阿廷（Emil Artin）这样的专家传授给我数学思想的魅力和数学问题的挑战。

我的大多数惊人的数学发现几乎都出于偶然。50 年前，我尝试着理解流形的结构，流形就是那种形如鸡蛋壳和轮胎面的光滑对象，但它可以存在于高维的空间中。在三维空间中，从一个带有边和角的对象出发，比如说一个立方体表面，你总可以将这些边（用砂纸在数学中的等价物）磨圆而得到一个光滑的曲面。令人震惊的是，在高维空间，存在完全不同的光滑化。特别地，对八维空间中的立方体的七维表面，通过小心地选择光滑化，一共可以得到 28 种本质上不同的光滑流形——这就是所谓的奇异七维球面。我没有期望出现这样的结果，也没有探寻这样的结果。相反地，我只是在尝试用两种不同方式来描述可能的流形时得到了一个表面上的矛盾。解决这个矛盾的唯一途径是断定这种奇异球面的存在性，这个结论引出了全新的研究领域。

当然，这样的发展从来都不是凭空产生的。数学思想的王国已经以加速的节奏建立了两千多年之久，而我的论证紧密依赖于英国、法国、德国、瑞士和美国的数学家的新旧结果。

在数学之外，我最喜欢的是登凌绝顶。虽然我从来都不是一个能手，但我非常珍爱关于登山和滑雪的回忆——不论是在阿尔卑斯还是在北美的山脉，而且我总是渴望重返高峰。

琼·伯曼
（Joan S. Birman）

拓扑，纽结理论

哥伦比亚大学巴纳德（Barnard）学院，荣誉退休数学教授

我为什么选择数学？我不确信"选择"是一个恰当的用语；更恰当的说法是，数学选择了我。儿时我总是想理解东西是如何运作的，例如，弄清楚如何用棒和线轴制作风车。我被这类问题吸引，喜欢独自一个人玩耍，而且通常在父母唤我吃饭时都舍不得离开，与今天研究数学问题时我发现难以停下来很相像。一旦我意识到数学中充满了发人深省的问题并提供了求解的工具以后，我就沉溺于其中。例如，小学数学老师问，两个奇数的乘积是奇数还是偶数，一个奇数与一个偶数的乘积呢？为什么？这些问题曾经是挑战，我回应了。同等重要的是，我做得很好，擅长做某事又自然加强了一个人的兴趣。因此，数学以多种方式选择了我，虽然在确定以数学为职业生涯之前我走了很多弯路——因为生活中的重大选择从来都不是简简单单的。在数学中，我的专长也选择了我。当我面临要决定博士学位论文的题目时，我到处寻寻觅觅，但当我知道有一个关于辫群的未解决问题时，我的魂被勾住了！在大

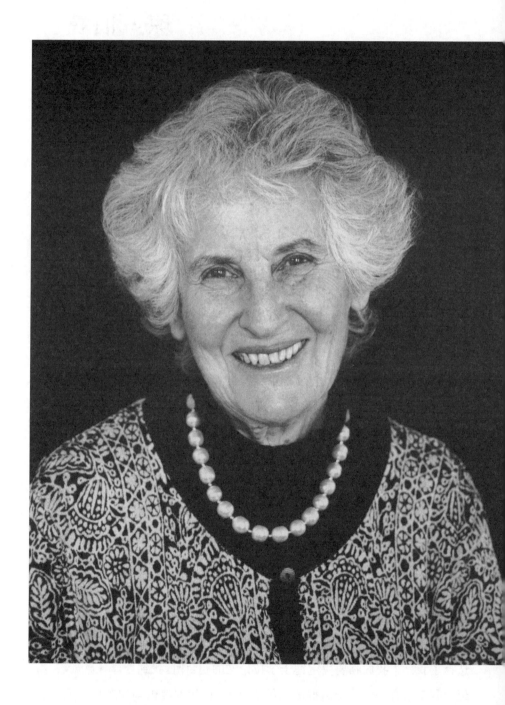

自然中,辫子和纽结无处不在。在我的文档中有土星光环中辫子的图片,有很长的打结的 DNA 链,甚至在埃博拉病毒(Ebola virus)的图片中也有一个非常清晰的纽结。从我的观点来看,更重要的是,在数学中处处都会遇到辫子和纽结。

对纽结的研究是一个称为拓扑学的数学领域的一部分。这里有一个源自我本人的工作的例子,其中纽结以一种意想不到的方式出现在另一个与拓扑非常遥远的数学领域——微分方程。20 世纪 60 年代,气象学家洛伦茨(E. N. Lorenz)对天气预报发生了兴趣。他的信念是,天气是由一组非常庞大的微分方程所控制的。如果是这样的话,那么一旦知道了任一时刻的天气,就可以精确地预言以后任何时刻的天气。哎,可惜事实远不是如此简单,虽然气象学家知道飓风如何形成,但即使在功能最强大的计算机的帮助下,他们也无法以任何实用的精度来预测它未来的路径。为获得更好的理解,洛伦茨为这个不可预测性寻找了可能的最简单的例子,这引出了一组三个变量的微分方程组,它们能够解释这种现象,虽然不再与天气有关。洛伦茨方程的解成为今天我们所知的"混沌"的范例。在 20 世纪 60 年代中期我与威廉斯(R. F. Williams)的合作工作中,我们了解到,洛伦茨方程的解中的闭轨道(译者按:即所谓的周期解)是无限多个不同的纽结的全体;而且,其中任意两个纽结不可以分开,除非剪开其中一个。这需要许多结构,因为所有那些纽结必须在三维空间中连接成一个光滑的流。此前,纽结理论与微分方程是数学中相隔很远的领域,没有人曾在这种情形考虑过打结。现在我们理解了,大致说来,在任何掌控着三维空间里的某个区域中的混沌流的微分方程系统中,出现的纽结的个数和种类衡量了该系统的混沌性的大小。正如我所表明的,洛伦茨纽结的这个含义是一个仍在被研究的课题。

弗朗西斯·柯万
（Frances Kirwan）

代数几何与辛几何

牛津大学，数学教授

　　做数学研究是一回事，而向非数学家——甚至是不在同一数学领域的同事——解释数学又是另一回事。这是作为研究型数学家的一个比较令人沮丧的方面，但它至少通过下述方式得到了部分的弥补：数学跨越了政治和文化的隔阂，我随手拿起的下一篇要读的论文的作者可能是印度人、日本人、俄罗斯人、巴西人或者是我的英国同胞。因此，代之以尝试描述我的研究工作（代数几何中的模空间），我将回忆我是如何成为数学家的。

　　我最早的数学记忆是父亲给我解释直角三角形的毕达哥拉斯定理的证明，这是第一次我有这样的想法：有可能证明某些事情总是对的。第二个记忆非常晚了，是在剑桥上本科时听到的第一个演讲：演讲者克尔纳（Tom Körner）脱下他的鞋和袜子，并尝试着以同样的次序重新穿上，这就为我们演示了，算子的合成一般不可交换。我很惭愧地说，这是我在剑桥听过的还清晰记得演讲者（除了可能的一次例外，演讲者

都是男性)和演讲内容的唯一讲座。

然后我记忆中第一次感觉自己像一个研究型数学家的时刻到来了。那是在牛津我与研究生导师阿蒂亚(Michael Atiyah)每周一次的面谈时。之前我们曾谈论过即将成为我博士学位课题的一个特殊情形。在这之间的一个星期里,我意识到,我们未加思索猜测出的东西是不对的,我搞清楚了如何更正它。当我们再一次见面时,我发现我的导师也沿着几乎同样的路线思考过了,这非常令人满意。

与人共享理解了一个困难问题的解答之后的满足感,是我喜欢在研究工作中与人合作的一个主要原因。我第一次合作的契机是在20多年以前,当时我是哈佛大学的一个初级研究员(博士后)。我在耶鲁大学做了一个研讨报告,听众中的李伦怡(Ronnie Lee)[1]提议了一项合作:这引发了许多令我很愉快而且受教益的讨论,最终引出了一些合作文章。独自研究也是有益的,但当灵感出现时,通常伴随着一种渴望,想要向别人解释它所带来的新的清晰性。那些认真思考着同一问题的合作者会非常乐于倾听(而且经常可以指出论证中可能存在的瑕疵)。没有他们,很难找到合适的倾听者。例如,我可以向丈夫和孩子表达我取得某些进展时的兴奋,他们也会很高兴,但他们必定不想听我解释我所做的是什么!

---

[1]　李伦怡,1942年出生于香港的数学家,跟他那一代的许多数学家(如丘成桐、萧荫堂)一样,自本科毕业后留美深造。李教授长期任职于耶鲁大学,主攻拓扑学,涉猎广泛,在代数拓扑与低维拓扑方面都颇有建树。他为人和蔼乐观,是一位广受欢迎的合作者和老师。2001年曾因中风昏迷,奇迹般地恢复之后,终因身体渐衰在2011年去世。(感谢李天军教授和萧文强教授为译者提供了相关信息。)——译者注

罗比恩·柯比
(Robion Kirby)

低维拓扑

加州大学伯克利分校，数学教授

出生于 1938 年是我的幸运：我不必应征入伍服兵役。另一个幸运是，我有非常优秀的父母，他们都受过一点研究生教育，虽然少得可怜。在第二次世界大战中，我父亲是一个(非常)有良知的反对者，因此而丢掉了工作。1948 年，41 岁的父亲重返研究生院，直到 1954 年我入学芝加哥大学以前，全家靠他一份微薄的助教薪水维持生计。缺钱可以通过各种方式影响一个孩子，但对我来说似乎是，我了解到物质的东西并非如此重要，也并非如此得不可或缺。跟我一样，许多数学家都是简约主义者。

我在华盛顿和爱达荷的小城里长大。在入学前就懂得了算术和如何阅读，这意味着我很厌烦听课，因此我把时间都用于独自在教室后边阅读或神游天外做白日梦。当地最好的小学是法拉格特的一个只有三间教室的学校，我可以一边做自己四年级的功课，一边做五年级的功课，因此跳了一级。我养成了不听讲——其实是不听老师、教练或任何

不需要与之面对面对话的人讲话——的习惯。我痴迷于各种游戏：下棋、扑克，还有各种小型的体育活动，但不包括团体性的体育活动，因为你需要花大量的时间聆听教练指导动作或站到指定的场地。

经过逐一排除而逐渐变得明确的是，数学是最适合我的科目。它一直很容易，但我并不是天才。在大约十岁时，我在学校花了太多时间尝试着一次性无重复地通过哥尼斯堡的七座桥①，但从没有想过去证明这是不可能的。另一方面，我下棋可以轻易击败任何对手，包括我父亲。我们的校队两次赢得了全美校际比赛的冠军，而我并不费力就排到了全国前 25 强。但我开始失去兴趣，并在考虑，除了下棋，我还可以干点什么。最后我对数学发生了兴趣，并且坚信它其实是最精妙的游戏。这开始于我在芝加哥大学的第四年，那时我在做凯利（John Kelley）的《一般拓扑学》②上的习题。我有一些学法律的朋友，经常跟我讲他们课堂上的一些有趣的侵权行为和宪法条例。我稍微考虑了一下律师职业，但为了我的饭碗，我决定还是选择数学。

有人奉劝我换个地方去念研究生，我置之不理，通过考试直接升入了芝加哥大学的研究生院，之后我对做研究真的发生兴趣了。在研究生期间，我就对圆环猜想感兴趣。麦克莱恩（Saunders Mac Lane）告诫我，这个猜想作为论文题目有点难（确实如此），然而只要我有想法，我就思考它。1968 年 8 月的一个晚上，当我照看四个月大的儿子时，一个想法突然冒出来了，这就是现在所谓的"环面技巧"。只用了几天我就意识到，我已经将圆环猜想化归为关于分段线性同伦环面的一个问题，而且在另一个方向，我已经证明了 n 维空间的所有同胚构成的空间是局部可缩的。

我已经安排好在普林斯顿高等研究所度过 1968 年的秋季，这是一

----

① 这是一个源自大数学家欧拉的著名问题，即哥尼斯堡七桥问题。对该问题的介绍与讨论，可见：① 姜伯驹，《一笔画和邮递路线问题》，科学出版社，2002 年；② 陈景润，《组合数学》第 7—9 页，哈尔滨工业大学出版社，2012 年。——译者注

② 有中译本，吴从炘，吴让泉译，科学出版社，2010 年。——译者注

个带来好运的选择,因为我遇见了西本曼(Larry Siebenmann),一个完美的合作者。我们完成了圆环猜想和其他两三个米尔诺问题(Milnor's problems),证明了四维以上流形的三角剖分的存在性和唯一性。这个工作用到了沃尔(Terry Wall)的结果,那个结果不久之前才被证明但没有完全写下来。

这一次,幸运再次光顾了我。如果我曾经更聪明一些,并在更早的时候看出了环面技巧,那么这些问题就被我化归为非单连通的"剜补术"(surgery,一个数学术语)的一个问题,这样的话,将是沃尔补上最后的片段从而获得最终的荣耀。(箴言:要在最佳的时刻证明你的定理!)

30岁时,我的职业生涯稳定下来了。(现实意味着我不大可能再如从前一样幸运了,我最好的工作也许已成历史,正如许多运动员进入而立之年一样。)我搬到了伯克利,离我喜欢的山川河流更近了,在我的数学家庭里又增添了50名博士生。这些数学上的儿女及其门徒都是我的好朋友,而且是我生命中最美好的一部分。

在我高中时,学校强调得更多的是多才多艺而不是"术业有专攻"。但我对此不接受,这令我想到了"样样皆通,样样稀松"。虽然如此,我仍然无法避免要参加其他活动。很多年来我一直是儿子和女儿的单亲监护人,是一个劲头十足的皮划艇爱好者[与丹尼斯·约翰逊(Dennis Johnson)的后人为伍],是一个(通常是与我父亲和弟弟一起)常常思考公共政策的思想者,更是琳达(Linda)长达26年的幸福丈夫,比起我所知的其他数学家配偶,她更懂得欣赏数学家。

伯特·托塔罗
（Burt Totaro）

代数几何，拓扑，李群
剑桥大学，朗兹（Lowndes）讲座天文与几何教授

我是如何起步的？我母亲说卡通片《芝麻街》贡献很大，我想这是有道理的：我很早就开始了阅读，因为我想知道在任何地方所看到的语句的含义。在 20 世纪 60 年代，我父亲是计算机程序员，当时只有大公司才有计算机。父亲和我一起做数学问题中的流程图游戏，因此当第一台个人计算机在 20 世纪 60 年代诞生时，我们发自肺腑地高兴。那时，为了让计算机做一些有趣的事情，你必须自己编程。这迫使你认真而系统地思考，我发现思考一些我想让计算机做的事情并解决实现过程中的问题令我非常兴奋。

在学校，我喜欢数学中比较成熟的内容。欧几里得几何是一大步，你学习了如何从简单的公理推导出惊人的几何事实。我有一些敬业的老师，比如克尔（Florence Kerr）和海泽（Joe Heiser）。微积分是了不起的一步：这种数学允许你描述事物如何变化，而不再局限于处于固定状态的事物。

　　到此为止,我的故事完全是平常的。接下来两件幸运的事情眷顾了我。首先,我的父母和我遇到了心理学教授斯坦利(Julian Stanley),他是允许有能力的孩子跳级的大力倡导者。那恰好适合于我,于是我可以在13岁时上大学。第二个幸运是,愿意接收我的大学是全美的数学中心——普林斯顿。除了它的数学,普林斯顿大学的氛围也很重要。这个地方主要为本科生服务,因此我们得到了许多关注。在某些大的学校我可能会像芸芸众生一样陷入某些诱惑与危险,但在这里很安全。

　　从普林斯顿毕业以后,作为一名几何学家,我去了伯克利,但我的热情已经有所衰减。我开始感到这个学科对我来说太难了,而且我并不认为那些古板的问题很有趣。显然,两者是相伴的:如果你不感兴趣,你也许就不会尽力尝试。伯克利的特殊历史时刻的到来挽救了我。那时,伯克利研究生院绝对是浸泡在拓扑学中——像纽结的琼斯多项式(Jones polynomial)这样著名的东西刚刚被创造出来。拓扑学的研究生会问我关于几何结构的不可思议的问题,那些受过专业训练的几何学家不会去问的问题。一旦我认可了这个不可思议性,自然就开始思考我所研究的几何形状的拓扑。

　　此后,我从拓扑的观点研究几何。这就是说,我们选取精确定义的形状,如圆周,然后想象它们是由某些很软的东西如橡皮和绳子构成的,并弯曲它们。从这个观点来看,许多不同的形状是等价的:你可以将一个咖啡杯变成一个轮胎。但仍然有一些信息保留下来:仅仅凭弯曲你无法将一个排球变成一个轮胎,因为轮胎中间有一个洞。

　　在过去,数学家总是努力精确地求解问题。现在我们认识到,大多数问题都没有精确的解。然而,我们可以期望理解解的一般形状,拓扑提供了一门语言以讨论这些形状。拓扑提供了一个新的观点来看待所有的物理现象:震荡过度的桥的坍塌,DNA链的缠绕等。但我必须承认,我本人的兴趣在于理解形状所获得的快乐,而不是任何特殊的应用。

西蒙·唐纳森
(Simon Donaldson)

微分几何，代数几何

菲尔兹奖(1986 年)，沃尔夫数学奖(2020 年)

伦敦皇家学院，皇家学会研究教授

我父亲对我成为数学家有很大的影响，泛泛而言至少是如此。在我最早的记忆中，有他富有意味的话语："……之后，我就可以回来研究一下。"(可以猜到，省略号代表的是他向我描述的那些杂务。)虽然我不知道"研究"的含义，但从那时起，这个词语就带有了一种吸引人的浪漫气息。

父亲是一个工程师(我的两个哥哥追随了他)，通常怀疑过分理论化的工作。"他们制造的只是一张纸"，我听到他大声谴责道："我敢打赌他们几年都没摸过螺丝刀了！"(虽然这并不是完全认真的，但他对各种科学都有浓厚的兴趣。)家里到处是各种实际的创造项目：制作模型飞机等。我在这方面的尝试通常不太成功，我想做什么的想象力远远超出我的耐心和实现它的能力。这也是我转向数学的部分原因，在那里想象力并不会受到令人讨厌的实际困难的束缚。另一件非常重要的

事情是,我对航海非常痴迷,不论是驾驭帆船还是海上的其他任何东西。因此,我 13 岁时决定做游艇设计师,而且开始了一些设计。(我并没有打算实际建造这些游艇,那要等到我有很多顾客以后,因此这个事业并没有实用性的限制。)我对此非常痴迷。为了设计游艇,你需要在你的计划中计算体积、面积、力矩等。因此对我来说,学习更多的数学非常自然。后来,数学成了我兴趣的中心,而游艇设计则退到了幕后。

我很幸运遇到一些卓越的数学老师。这对我能够在学校学好数学和物理非常重要。在这方面,我的祖父对我有很大的影响。他是现代语言老师,在我很小的时候就激励起我对历史和科学的广泛兴趣。

16 岁时,我有了相当坚定的想法要做一个数学家,而且对此也有了一些观念。我打算研究遇到的各种问题,虽然几乎绝对做不出任何明确的进展。因此,在某种意义上,我是早熟的(但从擅长诸如奥林匹克数学竞赛或后来在剑桥大学的本科生荣誉学位考试这方面讲,我绝非如此)。这使得我的人生过渡到成为一个真正的数学研究者,并相对容易地被希钦(Nigel Hitchin)和阿蒂亚(Michael Atiyah)接受为博士研究生。

我的大部分研究是利用画图(也许是游艇设计的遗迹),因此我自然地被几何学吸引。当我念本科时,学习微分几何并不容易,因为它还没有真正成为一门标准课程,但这只能增添这个学科的魅力。就好比紧握我父亲所谓的螺丝刀,我偏爱非常明确具体的问题,你可以感觉到,你在研究并制造非常确定的数学对象。

在研究生涯的初期,幸运女神眷顾了我。那时(1980 年)来自于粒子物理的杨(振宁)-米尔斯方程(Yang-Mills equations)对纯数学产生了很大的影响,特别是与几何以及彭罗斯(Roger Penrose)的扭量理论很有关联。希钦给我建议的计划涉及的是一类非常不同的方程,与微分几何和代数几何相关,但更偏向于分析和偏微分方程。恰巧的是,怀着非常不同的目的,乌伦贝克(Karen Uhlenbeck)和陶布斯(Cliff

Taubes)几年以前成功地发展了相关的分析技巧。当然,互联网也使得搜索论文变得如此容易,我记得当我收到乌伦贝克从美国发来的预印本电子邮件时的兴奋情状。那年我博士一年级。我发现,做研究的一个好方法是,想象什么应该是对的,即某些数学对象应该有什么性质的图景,然后探究其推论。如果这些推论引出矛盾,那么你需要修改这个图景;反之,如果推论与已知事实融合得很好并引出一些有趣的进一步的预言,那么这就是图景正确的有利证据。遵循这个策略(当然并非有意识的),我研究了杨(振宁)-米尔斯瞬子(Yang-Mills instantons)的性质,在第二年初,我无意中发现了它们对于四维流形的拓扑的一个完全意想不到的应用。自那以后的 27 年里,我研究的两个主题之一就是推广这个工作,而另一个主题则是发展代数几何、微分几何与偏微分方程之间的联系。

昂利·嘉当
（Henri Cartan）

代数拓扑，复分析

沃尔夫数学奖（1980 年）

巴黎第十一大学，荣誉退休数学教授

我在上学之前在家自己学会了阅读。我家住在巴黎，6 岁时我被送到了布丰小学。第一次考试以后，我跟父母说我很自豪，因为我是第 24 名。对我来说，这个高名次就是优秀的证明。父母解释说，更好的是第一名，自那时起这就成了我的目标。

我们在多洛米约的伊泽尔的一个小村庄度过了暑假。我的父亲埃利·嘉当（Élie Cartan）曾在家庭铁匠铺①附近度过了他的青少年，校长发现了他在数学方面的卓越天赋。他出色地奋斗完他的科学院之路。父亲是一个非常谦逊的人，他也许清楚他的个人价值，但从不炫耀。他没有要求我去做数学，但只要我去找他交谈和求教问题，总是受欢迎的。记得有一天我们在森林里散步，他告诉我欧几里得假设（Euclid's

---

① 埃利·嘉当的父亲是一位铁匠。埃利·嘉当本人是杰出的微分几何学家，他最得意的弟子即数学家陈省身。——译者注

postulate)并不是必然成立的,我觉得实在难以接受!后来我们在一些问题上合作,但通常我们各做各的。

一开始我就知道我会以数学为专业。对我来说,它是最卓越的基础科学。当我拿到高中毕业证以后,我很清楚我将参加高等师范学院竞争激烈的数学入学考试。然而,高等师范学院的老师所教的数学很让我烦恼。记得几何课一开头就令我不安,我潜意识里认为其公理并没有用一种令人满意的方式陈述出来。所以当我开始教书时,我要确信一切东西在逻辑上都是前后一致的。我很快被公认为是一个过分讲究的完美主义者!

我转向我的朋友韦伊(André Weil)寻求建议。我们在斯特拉斯堡的同一所大学任教。我必须说,我用我的问题考验了他的耐心。他认为我们应该与其他一些数学家在巴黎会面,并弄出一本数学分析的专著,这样他就可以从我无休止的提问中解脱了。这就是布尔巴基小组(Bourbaki group)如何开始的。

事实立即证明,我们的探险非同一般。我们必须从数学的基础重新开始。我喜欢这个挑战,而且与如此多好朋友一起工作实在高兴。事实上,我的大部分数学都是通过参与布尔巴基的合作研究学到的。我非常享受于发现什么是正确的,并尽可能简单而优美地证明它。我将很多时间投入到教学中,非常渴望与学生分享我的热情。我强烈地感到,我是新一代的科学家,想要从根本上改变某些数学理论的表现方式。

除了数学以外,我非常喜爱音乐。我的弟弟让(Jean)是一个很有天分的作曲家,可惜过早地死于肺结核。音乐曾经是而且仍然是我日常生活中的重要部分。政治也是如此。在第二次世界大战以后,我非常感激我的一些德国同行,他们努力搜寻关于我另一个弟弟路易斯(Louis)的消息,他因为加入秘密抵抗组织而被送往集中营并被处死。那时我认识到,人与人之间的友谊可以独立于种族偏见而存在。特别地,这个经历促使我后来要努力将一些持不同政见者解救出来。从 1952 年开始,在支持一个不受国家利益限制的联邦欧洲方面,我有活跃的影响。现在我已经进入暮年,但我仍然希望我从前的梦想能实现。

罗伯特·麦克弗森
(Robert D. MacPherson)

微分几何,代数几何

普林斯顿高等研究所,赫尔曼·外尔(Hermann Weyl)讲座教授

我的父亲是一个物理学家,他将"数学家"视为一种专门的贬低称谓。在他眼里,"数学家"是那些没有任何物理直觉而纠缠于一些不相干的问题的人。我的职业生涯选择最终让他看到了数学有利的一面,他意识到,作为数学研究的副产品,我经历了不同的文化。数学群体是真正国际化的。证明就是证明,不论它所采用的是哪一门语言。而且,数学家不需要实验室,因此我们可以四处交流。我曾在十个国家居住一个月以上,而且在更多的国家都有我的数学同仁。

一开始,我的职业生涯并不明了。在大学,相对于数学,我投入了更多的时间于物理和音乐。最后我选择进入了数学是因为,数学家看起来真正欣赏和尊重其他人的工作。我仍然认为这是对的,而且职业数学家中的氛围比我所知的其他学科都要令人愉快。以数学为职业的不利一面在于,当你的想法不奏效时,你通常会一无所获。天赐的神力或渊博的知识,都无法将一个错误的证明挽救回来。

　　我总是更喜欢在不流行的数学领域工作。我了解在一个热门领域内工作的益处——有一群专家可以讨论问题,有一群可以在会议上常常见到的朋友,有一个你可以比照的群体,有一拨总是理解你最新成果的人——但这不适合我。

　　然而,即便你在一个不流行的领域工作,当你发现一些富有创造力的思想时,人们将会注意到并进入你的领域。我的解决方法是走出去,换到另一个比较清静的领域去。

　　我本质上是一个几何学家。当我发现一个数学思想时,它像一幅几何的记忆图像出现,令我完全信服。将我的记忆图像转换成我可以与人交流的文字总是一种艰难的奋斗。一旦我将它用文字表述出来,对我来说,它就远不如原来的记忆图像那样生动真实了。曾有一段时间,世界上大部分真正的几何学家都在研究低维拓扑,这固然是一门美妙的学问,但从来没有吸引我。我在一些由代数学家占主导地位的领域工作,在将其想法转换成文字方面,他们一般没什么困难。依我看,重要的数学进展需要有多种观点的贡献。为了对数学做出有用的贡献,头脑聪明不如具有一个独特的富有原创性的观点重要。

　　我几乎所有的数学论文都是合作完成的。我不喜欢独自做研究。合作研究弥补了我在灵活运用文字方面的不足,同时也解决了数学研究中根本的孤独问题。我最好的工作是与戈列斯基(Mark Goresky)合作完成的。我们花了多年时间研究奇异空间的同调,那时只有很少几位数学家关心它。此后,我们作为数学搭档转向了其他的数学研究计划,而他也成了我生活中的朋友。

迈克尔·弗里德曼
（Michael Freedman）

拓扑，物理，计算机科学

菲尔兹奖（1986 年）

加州大学圣芭芭拉分校，微软量子研究所

　　我的父亲，本尼迪克特（Benedict），在数学和音乐方面是少年奇才，同时也是杰出的作家。我小时候也显露出一定的数学天分，但并非特别擅长计算。然而，我以一种表现主义的风格画画，我母亲南希（Nancy）使我坚信，这表明了我的天分。我很早就了解到，数学也是一种艺术形式，并感觉自己必然能够在其中留下印记。这个必然性只是基于我的过分自信，而这仅仅归功于母亲对我的能力的绝对信念。在那时，我好像没有必要提供证据以表明数学上的早熟。从小学到研究生院，我一直都被作为天才学生对待。我只参加了很少的测试，但并不记得在哪次测试中表现得特别好。这些天，我经常见到真正的天才——通常是由他们的母亲带过来的，并因为自己曾被当作其中之一而感到有点难为情。

　　直到 16 岁时，我还没有在数学与绘画之间做出选择。作为新生，

我来到了加州大学伯克利分校,带着两个大手提箱,里面装着我所有的衣服、毛巾、领带和垫画用的毛毯。母亲嘱咐我将我的绘画展示给艺术系主任,看他怎么反应。当我到达美术系时已经是星期五的下午,而系主任不在办公室。我最后请他的秘书将手提箱锁在了他的办公室,可是忘了手提箱里还有我的衣服。那天晚上只有我一个人住在学生公寓里。由于没有铺盖和多余的衣服,我无法暖和起来。我发现可以每次在浴缸里待上一个小时保持温暖而入睡,但一小时之后必须换上热水。具体细节我不记得了,但当时我立即做出了学数学的决定。

在伯克利第一年快要结束的时候,我和一位刚从普林斯顿过来的天文学博士后一起下围棋。我经常为自己不能理解语音室的任何法语而感到遗憾。所有这些词语好像一股洪水一起冲过来,我为将它们一一分开而感到绝望。我开始做关于语音室的噩梦,好在下棋可以让我暂时解脱。这位仁兄认识普林斯顿大学数学系的围棋冠军福克斯(Ralph Fox)。于是,我拟定了一个双管齐下的计划,一方面立即申请普林斯顿大学的研究生院,一方面想办法尽力克服我的法语问题。我读了福克斯关于纽结理论的书,并将我对他的课题到"链环"的推广的这一猜想也纳入了申请中(链环是一些嵌在一起的纽结)。后来发现,我的猜想是错的,但他们似乎并不认为很严重。(大致说来,我猜测,像百龄坛啤酒上的三环标志这样的东西根本不存在——那时我才 17 岁,还没有喝过啤酒。)作为这个伟大申请策略的第二个装备,父亲帮助我整理出我关于"模态逻辑"的想法并给出了其应用。但结果最终表明,决定性的因素是,母亲坚持要将我登顶北篱笆峰的一张大照片塞进去。

许多年后我从(普林斯顿大学的教授)纳尔逊(Ed Nelson)那里得知,当我迟到的申请书到达时他就在福克斯的办公室。根据纳尔逊的说法,当福克斯拆开信封时,照片飘落到地上。福克斯捡起来看了看说:"收了这一个。"我曾经跟母亲讲,塞照片进去是完全不合适的,他们做决定取决于学术因素。她曾经是一个演员,并且常常告诫我:"每一件事情都是作秀。"这一次她是对的。

我就这样起步了。我还曾寄出其他一两个申请,但都没有收到回音。我思考数学和物理有 40 年了,在其中我发现了确定性和奇异性、普适性和统一性。量子力学改变了人们对这个世界的看法。它表明这个世界是如此之神奇,以至于很难需要为此担忧。

玛格丽特·麦克达芙
(Margaret Dusa McDuff)

冯·诺伊曼代数(von Neumann algebra),辛几何

纽约州立大学石溪分校,数学教授

　　第二次世界大战结束后不久,我在伦敦出生。我在爱丁堡长大。我的父亲是胚胎学家和遗传学家,感兴趣的是生物如何进化,同时也对艺术、哲学和科学的应用有浓厚的兴趣。我的母亲是建筑学家,在苏格兰行政部门的城市规划局工作。她一直有工作,这在那时是不寻常的,同时也引发我想到将来我也应该有自己的事业。她的父亲曾在剑桥大学攻读数学,后来成了著名的律师。我的数学天赋来自于母亲这一方面,毕竟,建筑融合了数学与设计。

　　四岁时,祖父教给我乘法表。他将我放在膝盖上,给我展示了一个直到10乘10的表,并指出其中的对称性。我依然记得,当时我感觉它是多么优美。小学时我总是喜欢做计算。后来我对音乐、诗歌和哲学发生了兴趣,但理所当然地认为自己将走上学术的道路。在十几岁当我思考究竟要做什么时,我意识到数学才是我的最爱;不管怎样,我听到了这个心声。我发现数学可以与抽象绘画相媲美。我没有听说过任

何女数学家,但我不在乎。我想与众不同。

在剑桥,为了我的博士学位,我解决了一个公开了 20 多年的问题。有一个代数结构(译者按:当指冯·诺伊曼代数)已经为人们定义和研究了,但数学家既没有很多的例子,也不知道这样的对象可以有多少种。我构造了无穷多种这样的对象。我的论文发表在《数学年刊》——应该是最高级别的数学刊物,很长一段时间内,这一直是我最好的工作。

完成论文以后,我来到了莫斯科,在 20 世纪 60 年代后期,那里有一个绝对神奇的数学学派。这个学派视野非常开阔而且很公开,与我之前受到的狭隘的教育形成鲜明对比。我与盖尔范德(Israel Gelfand)一起工作了半年,这是一段转换方向的经历。我回来之后,立即将重点从泛函分析完全转移到拓扑学。然而,我当时很清楚自己的无知,因此要在新的领域里活跃起来很困难。我能够作为数学家幸存下来,仅仅是源于博士论文给我的信心。20 世纪 70 年代后期,我迁到了美国,此后一直在那里工作。现在我研究辛几何,研究空间上的一种特殊结构,这种空间是 19 世纪的数学家在研究物理学中的问题时提出的。

我曾尝试将我的博士论文工作解释给我母亲听。这是一个有趣的对话:她确实想知道我在做什么,她当然也非常聪明。然而,当我意识到需要告诉她的新概念是如此之多时,要向她解释我真正在考虑的对象是什么,就成为完全不可能的事情了。为了取得进展,数学家必须将他们所用的思想化为己有。数学对象不仅仅满足一系列的公理,它们也有感觉、形状和结构,而且在大脑中以某种特别的方式运转着。我们要学会驾驭它们,理解它们是如何相互关联的。这需要时间和精力。理解,当它来临时,通常是非文字的,是在一瞬间认识到事物是如何融合在一起的。

译者补注: 麦克达芙与米尔诺(John Willard Milnor)是书中收入的唯一一对数学家夫妇。

威廉·瑟斯顿
(William Paul Thurston)

拓扑

菲尔兹奖(1982 年)

康奈尔大学,数学教授

"去领会"是我对学习高中教科书定下的目标,如今这仍然驱使着我。我喜欢做到领会:一旦我看到一些无法理解的(或大或小的)东西——或者简单地说,一些不协调的东西,我会去反省和思考,用我心灵的眼睛去探求,直到某个时候,视觉奇迹般地发生了改变,从迷雾和困惑中出现了形状、秩序和联系。

数学不是关于数字、方程、计算或算法的,它是关于领会的。虽然我从小就喜欢数学,但我经常怀疑数学是否会成为我生活中的焦点,即便别人认为这是很明显的。我非常讨厌早年上学时的数学教育,而且我经常得低分。我现在将早期的许多数学课程看成是"反数学"的:老师积极地打击独立的思想。学生被要求遵循机械古板的学习模式,将答案填在设定的框框里,然后"报得数"。也就是说,老师拒绝学生动脑筋、发表见解,拒绝不同的方法。相对于大多数人,我更加注重本质:

这能抵御外在的控制或指令。数学课上的那些训练(无论我是否掌握了)是难以忍受的枯燥和痛苦,我过去认为我在完成课外作业时注意力不集中是一个缺点,但现在我意识到,我的"懒惰"是一个特点而不是瑕疵。如果人人都像我一样,人类社会将无法正常运转,而且人与人之间存在差异将使得社会更加多姿多彩。

1964 年我去了佛罗里达州萨拉索塔的一所新建的小学院,他们的教育理念不同于我之前接触到的其他学校。这段经历让我形成了自己的理念。这里强调学生的主人翁意识,学生和教员组成的学者群体前景光明,有一个强大的自主学习体系:最初的时间安排保证每年有三个月的独立研究时间,我很看重这一点。我非常好奇而且雄心勃勃地刻苦钻研那些难以理解的事物。我的第一个独立的研究项目是"语言",第二个是"思维"。无论是否是因为这些事物在我所说的天真的雄心勃勃的范围之内,我从这些项目中收获很多,而且我所学到的也对我后来的工作产生了潜移默化的影响。

数学对于我来说一直是一种奇妙的体验,我遇到了一群相处很愉快的人。我敬畏于令人惊讶的复杂和壮美的大厦,它们可以从纯粹的思想出发,由简单规则建立起来。我回味着不断发生在我们视野中对数学问题理解的变化。

我最主要的工作是三维几何与拓扑。想象一下,你在一个大的立方体房间里,现在假设前后的墙等同;换句话说,当你直着看的时候,你的视线是不间断的,从前面的墙直接能看到后面的墙,你能看到你自己的后脑勺。你的视线继续向前或向后变动,你就能看到房间内的每一处。现在假设左右两边的墙等同,而且地板与天花板等同。你的视线扫过每个方向,你就会看到你自己和其他的影像,都是房间里排列着的三维的重复图案,就像晶体结构一样。这种结构孕育出一种可能的三维世界(或宇宙),叫作三维环面。对一个三维世界而言,还有许多其他可能的拓扑结构。大量的不同的例子可以从多面体而不单单是立方体通过将对应的面等同起来进行构造。

　　当我开始我的数学生涯时，我认为这些三维的世界都是难以描述其形状的，但是渐渐地，我认识到三维世界通常都是由漂亮的几何体组成，这里所说的几何体往往不是在通常的欧几里得空间，而是在八种类型的三维空间中：大部分事实上是在双曲空间中。我有一个猜想，就是众所周知的"几何化猜想"，对上面的问题做了详细的论述，并证明了它的许多特殊情形。这一猜想［蕴含著名的庞加莱猜想（Poincaré conjecture）］最近被佩雷尔曼（Grigori Perelman）证明。

伯特伦·科斯坦特
（Bertram Kostant）

李群，微分几何，数学物理

麻省理工学院，荣誉退休教授

第二次世界大战时我在念高中，虽然我很擅长数学，但我的科学兴趣主要在化学。然而，我对家庭作业非常散漫，理科之外的科目非常糟糕。其后果是，我的申请被第一流的大学拒绝了。

然而，事实上情况变得非常妙。此刻我想说的是，由于命运的捉弄，我似乎占尽了天时地利与人和。战后，德国的科学难民将欧洲科学灌注到美国大学中。录取我的普渡大学，职员中有一些优秀的数学家。其中一个是罗森塔尔（Arthur Rosenthal），他在 1920 年左右曾是慕尼黑大学的数学系主任。他在那里的一个学生是海森伯（Werner Heisenberg），而他最亲密的一个同事是最终证明了化圆为方不可能的林德曼（Ferdinand Lindemann）。我与罗森塔尔相交甚好，对于我投身于数学研究，他的影响比其他任何人都要大。

第二个幸运是，普渡大学的理学院院长艾尔斯（William Ayres）是一个数学家，他特许还是本科生的我去听三门极精彩的研究生课程。

我学得很好,赢得了芝加哥大学研究生院的奖学金。第三个幸运是,芝加哥大学在 20 世纪 50 年代早期学术上极其活跃,那是哈钦斯(Robert Hutchins)担任校长的最后几年①。数学系主任斯通(Marshall Stone)聘请的教员包含韦伊(André Weil)、陈省身和麦克莱恩(Saunders Mac Lane)这样的牛人。

在一门数学课中,当我打开舍瓦莱(Claude Chevalley)刚刚出版的李群书的那一刻时,李群就注定成为我一生的挚爱。李群可以用来统一不同的数学领域。追求这种统一性成为我后续诸多数学研究活动的焦点。舍瓦莱是法国人,布尔巴基学派的骨干成员之一,而我一直着迷于法国数学学派特别是布尔巴基学派的数学。

我的博士论文导师西格尔(I. E. Segal)安排我 1954—1956 年造访普林斯顿高等研究所。这个时间选择也是一个幸运的巧合。在研究所的成员中,有三位成员曾对 20 世纪的科学做出了最突出的贡献:外尔(Hermann Weyl)、冯·诺伊曼(John von Neumann)和爱因斯坦(Albert Einstein)。在 1956 年我离开普林斯顿之前,他们三位都过世了②。在高等研究所,我与外尔相交甚好,与冯·诺伊曼也讨论过数学。我只记得与爱因斯坦的一次长谈。那是在 1955 年的受难节,爱因斯坦偶然问我在研究什么,我回答说李群,但心想也许他连李(Sophus Lie)是谁都不知道。然而,我很惊喜地听到他有先见之明的评论:"那将非常重要。"大约一周以后,爱因斯坦与世长辞。

1957 年我加入了加州大学伯克利分校。这是伯克利大步前进的时期,我很高兴成为其中一分子。1962 年我接受了麻省理工学院的全职教授职位。麻省理工学院自身呈现的机会促成它发展成为一个世界闻名的李群及相关学科的中心。

---

① 对此,可以参见《哈钦斯的大学:芝加哥大学回忆录 1929—1950》第 160 页的叙述,威廉·H·麦克尼尔著,肖明波,杨光松译,浙江大学出版社,2013 年。——译者注
② 冯·诺伊曼于 1957 年过世。——译者注

复杂的对象通常可以通过考虑其对称性来研究。李群是被设计用来研究和处理不同对称性的数学结构。这些结果的许多方面都非常成熟,探究其错综复杂之处可以耗上你一生的时光。关于这样一个李群——称之为 E_8——的结果,最近引起了媒体的相当关注,主要是因为,一个大约由 25 位数学家构成的小组,利用庞大的计算机程序,确定了它最大的"特征标"。在我看来, E_8 是一切数学中最富有魔力的"对象"。 E_8 就像一个具有 1 000 多个侧面的钻石,每一面都对它的内在结构提供了一个漂亮的观点。奇妙的是,自然定律最终是用数学语言来描述的。已经有人尝试将 E_8 用于我们对基本粒子的理解。如果要考证的话,这些初步尝试可能有瑕疵。然而,你难以抗拒这种本能的想法,认为对我们宇宙的一个真实理解必定以某种方式需要 E_8。过去几个世纪的许多物理理论似乎都只有几十年的寿命,但 E_8 可以长生不老。

约翰·马瑟
(John N. Mather)

微分几何, 哈密顿动力系统(Hamiltonian dynamics)

普林斯顿大学, 数学教授

我记得在6岁时为自然对数的概念所吸引, 大概父亲曾给我解释过。他是普林斯顿大学的电气工程教授, 他喜欢教我一些初等数学。

11岁左右时, 我在家里的书架上发现了父亲的工程学教材, 花了相当多的时间钻研它。它基本上是一本微积分教材, 包括变分法, 以对工程问题的诸多应用为引导。有许多是我所不能理解的, 我肯定不能通过这门课的考试。虽然如此, 我发现这本书非常有趣, 也许恰恰因为我没有完全理解它, 似懂非懂, 反而更觉得有趣。我发现人们可以仅仅用简单的笔和纸来解决"现实生活"中的问题(确定吊桥缆索的形状), 这个事实非常吸引人。

高中时, 我对数学的兴趣引发我从多佛出版公司和普林斯顿大学书店购买了各种各样的数学书。我买来并钻研了莱夫谢茨(Solomon Lefschetz)的《拓扑学》、舍瓦莱(Claude Chevalley)的《李群》第一卷、卡米歇尔(R. D. Carmichael)与伯恩赛德(William Burnside)各自的

群论著作、古尔萨(Edouard Goursat)的三卷英译本《分析教程》与哈尔莫斯(Paul Halmos)的《有限维向量空间》。我记得在这些书上花了大量的时间,因为它们吸引我。另一方面,只有哈尔莫斯的书我曾深入地学习过,对于其他的书,我所理解的只是一点皮毛。

在高中的最后一个学期,我很幸运能够参加普林斯顿大学数学系塔克(Albert Tucker)发起的一个项目,它允许聪明的高中生来听普林斯顿大学的数学课。我是第一个参加进来的学生。在简短的口试之后,我被安排上一门初等的抽象代数课,由福克斯(Ralph Fox)讲授。在那门课上我表现优异。

我在哈佛取得了本科学位,在普林斯顿取得了博士学位。在普林斯顿的第一年,我读到了莱文(Harold Levine)所记的托姆(René Thom)讲映射之奇点的笔记。我立即解决了笔记中所描述的几个公开问题。我对这些问题的解答发表在论映射的光滑稳定性的六篇系列论文中。在完成普林斯顿的博士学位以后,我在托姆所在的研究所——法国的高等科学研究所(IHES)——待了两年。托姆非常平易近人,认识他是一大乐事。托姆认为他证明了拓扑稳定的映射的稠密性,但他未能让其他数学家信服其证明。我找到了一个改版的方法重新证明了他的结论,获得了数学家的认可。这个证明大部分是基于托姆的思想,但也用到了我自己的一个重要创新。

接下来的四年我在哈佛。在那里我研究得最多的是叶状结构理论与黑夫利格尔(André Haefliger)的分类空间理论。瑟斯顿(William Paul Thurston)对我的结果做出了一个漂亮的推广,引出了马瑟-瑟斯顿定理(Mather-Thurston theorem),它将黑夫利格尔的分类空间的拓扑研究归结为微分同胚群的同调问题,然而,其中的大多数问题仍未得到解决。

在哈佛待了四年之后,我抉择出还是普林斯顿更好。此后我就一直待在普林斯顿。

　　一天，我在普林斯顿听了珀西瓦尔(Ian Percival)的报告，他在报告中引进了一种不寻常的拉格朗日量(Lagrangian)。多年以后，我意外地发现，他的拉格朗日量可以用来证明一个存在性定理。[一个类似的定理被奥布里(S. Aubry)和达埃龙(P. Y. Le Daeron)独立地证明了。]在哈密顿动力系统的专家中，这个定理引起了相当的兴趣，而此后我一直在研究相关的课题。

马亚姆·米尔扎哈尼
（Maryam Mirzakhani）

遍历理论，泰希米勒理论（Teichmüller theory）

菲尔兹奖（2014 年）

普林斯顿大学，数学教授

我在伊朗长大，有一个幸福的童年。我的家人中没有科学家，但我从我的哥哥那里学到了很多，他一直对数学和科学有兴趣。在我周围，女孩被鼓励要自立并追求其兴趣。我记得曾在电视上看到关于一些女强人如玛丽·居里（Marie Curie）和海伦·凯勒（Helen Keller）的节目。我尊敬那些对其工作充满热忱的人，对于凡·高（Vincent Van Gogh）的传记《渴望生活》①有很深的印象。然而，儿时的我梦想成为作家，而读小说则是我最大的消遣。

后来我参加了数学竞赛，对学习数学越来越感兴趣。我有一些好朋友对数学也感兴趣，这使得我的本科生涯非常激动人心。我主修数

---

① 这是美国作家欧文·斯通（Irving Stone）为凡·高写的传记，有两种中译本：一是台湾著名作家、翻译家余光中的译本《梵谷传》或《凡·高传》；一是大陆翻译家常涛的译本，译作《渴望生活——凡·高传》或《凡·高传——对生活的渴求》。——译者注

学,后来到哈佛念研究生。在哈佛我跟麦克马伦(Curt McMullen)一起工作,我对动力系统和黎曼曲面(Riemann surface)的几何及相关领域产生了兴趣。麦克马伦广泛的兴趣和深刻的见解对我影响很大。

数学系变得越来越为男性所主宰,而且有时令年轻女性畏惧。然而,话虽如此,我却从来没有因为自己是女性而遇到任何麻烦,而且我的同事很支持我。不过情况还远不是那么理想。我相信,女性能够胜任与男性同样的工作,但期限是不一样的。对男性来说,保持长时间的精力集中并为其工作付出大量时间是相对容易的。另一方面,社会对女性的期望有时不同于做研究的需要。对女性来说,很重要的一点是,要保持自信和积极。

我主要研究与曲面的几何相关的问题,也涉足其他相关的领域。复分析和遍历理论总是令我着迷。

我喜欢学习数学的不同领域并理解它们之间的联系。关于黎曼曲面的问题最精彩的方面是它与诸多数学领域之间的关联,包括遍历理论、代数几何和双曲几何。

我做研究非常慢。我不相信在数学的不同领域之间存在边界。我喜欢思考令我兴奋的具有挑战性的问题,并随其所至。这使我可以与许多聪明的同事接触并向他们学习。从某方面讲,做数学的感觉就像写小说,而你的问题就像一个活生生的主人公在发展。然而,你所说的必须非常清晰:每一件事情必须像钟表中的齿轮那样衔接得有条不紊。

柯蒂斯·麦克马伦
（Curtis McMullen）

拓扑，双曲几何，动力系统

菲尔兹奖（1998 年）

纽约州立大学、哈佛大学，数学教授

有许多事情使我对数学发生兴趣。1969 年 7 月 20 日，在俄亥俄，我不知怎么按下了父母从纽约世界公司给我带回的柯达立体照相机的快门。那一晚，我们观看了同样是来自于俄亥俄的阿姆斯特朗（Niel Armstrong）登月。影片播出时，定期摄影显示出月亮是一个穿梭在夜空中的白色星体。不久以后我们搬到了佛蒙特的夏洛特小城。在搬动的箱子里，我发现了麦克拉肯（Daniel McCracken）的一本《Fortran IV 编程指南》。利用它和当地高中的一部通过电话线连接到大学主机的电传打印机，我能够大量炮制康韦（John Conway）的生命游戏。

后来，在研究生院，芒福德（David Mumford）给我介绍了克莱因群（Klein group）的洛可可极限集①，他用计算机画出了其图形。在法国

---

① 洛可可极限集：rococo limit sets。rococo，音译为"洛可可"，指欧洲 18 世纪建筑、艺术的一种风格，其特点是纤巧、浮华、繁琐。——译者注

高等科学研究所和纽约城市大学的沙利文(Dennis Sullivan)成了我的论文指导老师。在巴黎和纽约,在沙利文鼓励下学习共形动力系统的那些年,是我接受专业教育的开端。

我的数学教育在普林斯顿延续。作为博士后,我反复思考了克拉猜想(Kra's conjecture),$\|\Theta\|_{H/x} < 1$;有一天我意识到这必定是对的,因为每一个金字塔骗局包含着它自身崩溃的种子(every pyramid scheme contains the seeds of its own collapse)。这个观察引发瑟斯顿(W. P. Thurston)得到了关于三维流形的单值化定理的一个分析证明。我的工作仍然在这个领域:低维拓扑、黎曼曲面、动力系统和双曲几何的交叉领域,其中刚性不可改变地将分析的无限性引向算术和代数的具体性。我用一个例子作为结束。

右图是一个将球面分成阴影区的无限复杂的网。图像的基础是一个由简单的代数公式给出的动力系统;每一点以十种不同方式之一演化,对应着图中十种不同的阴影区。

每一个母体越来越小地无穷重复。草履虫或病毒在电子显微镜下的照片具有类似的无限性的迹象:它使得一些常在我们面前的——甚至是我们的一部分——但小得用肉眼无法看见的结构可见了。这个球面镶嵌与一个经典的多面体——正十二面体——具有相同的对称性;对我而言,它令我想起了庞加莱(Henri Poincaré)和克莱因(Felix Klein),甚至是伽罗瓦(Évariste Galois),他曾发现了这些对称与五次方程(如 $x^5 + 3x + 1 = 0$) 的不可解性之间的著名关联,做出这些发现之后不久,他在 1832 年的一场决斗中丧生。

1988 年在普林斯顿工作时,我与多伊尔(Peter Doyle)意识到,通过随机选择球面上一个点，可以破坏五次方程的对称性，从而刷新伽罗瓦的结果，给出解的一个动力系统公式。下面展现的这个图片，像一个在茫茫宇宙中运转了很久的天体，但之前从未被人看到过。

丹尼斯·沙利文
(Dennis Parnell Sullivan)

拓扑,动力系统,几何,分析,流体力学,量子代数

沃尔夫数学奖(2010 年)

纽约城市大学研究生中心爱因斯坦讲座教授,纽约州立大学石溪分校杰出数学教授

抽象数学的一个必定会令有头脑的门外汉感到惊讶的特性是,在数学中无限的概念可以被形式地定义,而且数学家可以用它来做研究。其实,数学极其特殊的一点就在于,它的概念可以精确定义,而且事实上,在数学家开始工作前这一点是必需的。数学的进展往往依赖于由那些新的精确定义所创造的新概念。出现在科学中诸多分支的组合模式、几何图像与代数运算是精确性——抽象数学王国的守卫者——这个仁慈怪物的养料。

数学家从这个完全精确的可能性获得了许多安慰。然而,美中不足的是,哥德尔(Kurt Gödel)的著名定理断言:任何包含无限集和数学家常用的其他基本运算的逻辑体系都不可能被证明是自洽的。不过数学家确实抱着这样的信念工作:常用的带有一个无限集合的逻辑系

统是自洽的,即便这一点是永远不可能被证明的。

数学的细节建立在两个基本直觉的基础之上:空间的思想与数的思想。数可以从一个无限集合的存在性与定义建造出来。无限集是指这样的集合:存在这个无限集合的一种重排方式,它不会将两个不同的元素对应到同一个元素,而且也不会将每一个元素都重排进来。数学家称这样一个重排为"集合到自身的一个单非满的映射"。考察所有这样的单非满的映射,可以从一个无限集合构造出一个地位等同于正整数的抽象概念。为构造出空间,先从这些正整数构造出更一般的数,然后构造出数轴,最后形成数组(有时也称作"笛卡儿乘积"),并用来建造各种流形、几何、连续对称群、微积分以及当今数学的所有现代概念。利用牛顿、麦克斯韦(James Maxwell)、爱因斯坦、玻尔兹曼(Ludwig Boltzmann)、海森伯等的理论,这些概念在数学家描述物理过程的愉快活动中极其有用。

最近,由于量子场论和弦论的兴起,滋养数学中精确性怪物的组合模式、几何和代数运算相应地倍增。能够将这些新发现数学化的概念正在探寻之中,但仍远未完成。存在着一些看似相关的有趣的新的代数概念,也就是说,数的这一个方向进展顺利。然而,空间的基本范式看起来尚未找到,有许多努力已经致力于这个问题。

我本人的建议——也曾有其他人尝试——是,适于量子讨论的一个恰当的空间模型也许是基于这样的想法:将普通的空间分成一些小的部分,而每一部分又可以进一步分为有限多个更小的部分。于是,对应于带有无穷多阶修正的近似等式的代数想法,就可以利用组合拓扑与代数拓扑的基本方法延伸到空间的小部分上。

这一哲学观点下的弦论讨论将会得到相关的微分代数或微分同调范畴的讨论。将最小作用原理用于无限维泛函空间——它们本身可用代数拓扑来处理——之后,就可以用这些讨论来处理剩下的问题。

当所有这些代数模式都被吸收以后,空间被分割的每一部分就可以变得无限小了。于是,基于数学分析中的不等式和硬估计,就可以导出经典极限。我的另一个希望是,利用这些想法可以发展出三维空间中流体运动的一个有用数学模型。

有时我感觉数学仍在它的起步阶段;但即使研究一个数学问题失败了,也可以很有趣。

斯蒂芬·斯梅尔
（Stephen Smale）

拓扑，动力系统

菲尔兹奖（1966年），沃尔夫数学奖（2006/7年）

加州大学伯克利分校荣誉退休数学教授，芝加哥丰田技术所教授

我在密歇根的一个乡村地区长大。从5岁到15岁，我生活在一个10英亩大的农场。我父亲在城里的一家汽车工厂上班。我在一个只有一间教室的学校上了8年学，每次要走一英里多的路。高中时我父亲给我买了一个小的化学实验室，因此我开始对有机化学非常着迷，甚至到了为私人工厂制造提供所需要的稀有化学用品的地步。当我进了安阿伯的大学以后，我转向了物理，但我没能通过物理课程，于是在大学的最后一年，再度转向了数学。

在研究生院，我的数学工作是游移不定的，但在1956年我还是很好地完成了学业，这很大程度上要归功于我的老师博特（Raoul Bott）的激励。直到1961年夏季，我一直都在拓扑学领域继续工作。那时我宣称将离开拓扑学转向更令人兴奋的动力系统的前沿，当时被称为"常微分方程的定性理论"。（我担心一些同事会因此永远都不原谅我！）

　　多年以来,我的数学生涯也许是不同寻常得迂回曲折。我的研究领域曾发生过根本的改变。例如,我曾研究过经济平衡理论和计算机科学的复杂性理论。现在,我的注意力投入到学习理论(learning theory)与视觉。我在视觉方面的工作面向于视觉皮质方面的一个数学模型和一个称为模式识别的东西。我们期望用数学给出视觉神经元的发育及其功能——换言之,人们如何看——的一个新理解。

　　这些年来,我思考科学的方式一直有一个共同的主题。一方面,我是一个大胆的理论家;另一方面,这个理论通过数学的世界紧密联系于现实。特别是在最近的四十年里,我投身于人类经验的世界。我的工作受到其他科学家认为重要的一些东西的启发,而且我相信,这些领域可以利用数学得到更好的理解。因此我被引向了科学的几个不同科目的基础。我的目标是,利用数学更好地理解这个世界。在这个努力中,我受到了过去的一些伟大的数学家的激励,例如为力学奠定基础的牛顿、为量子力学奠定基础的冯・诺伊曼与外尔(Hermann Weyl)。

　　近些年来,我又有了另一个爱好,收集和拍摄自然结晶的矿物样品。我的最后一本书[①]将致力于这一工作。在数学的美与矿物的美之间也许存在着某种联系。

---

　　① 这里作者指的是斯梅尔夫妇(斯梅尔的夫人名 Clara)合著的摄影集 *The Smale Collection: Beauty in Natural Crystals*, Lithographie, LLC, East Hampton, Conneticut, 2006。有兴趣的读者可登录维基百科网页了解。——译者注

玛丽娜·拉特纳
（Marina Ratner）

遍历理论

加州大学伯克利分校，数学教授

我在莫斯科出生和长大。五年级时我喜欢上了数学。一直以来，俄国大城市的教育水平非常高，中小学的数学计划非常严谨而令人鼓舞。我非常着迷于代数与几何中的数学推理，它们非常优美，而且令人兴奋。我自然地接近了数学，在解决难题时我感受到无与伦比的满足。

在我的家庭中没有数学家。父亲是著名的植物生理学家，母亲是化学家。1940 年晚期，母亲因为与她在以色列的母亲通信而被解雇，在那时以色列被苏联政府视为敌对国家。

1956 年，我申请进入莫斯科国立大学。莫斯科国立大学第一次（短暂地）为犹太申请者敞开了大门。莫斯科国立大学的数学系是全世界最好的数学系之一。在数学入学考试中，我被要求在黑板上解答 11 个题目，我只解答出 10 个。离开考场时，我感觉挂了，不会被录取。然而我被录取了，这是我一生的转折点。

我主修了数学和物理等。受到伟大的俄国数学家柯尔莫戈洛夫

(A. N. Kolmogorov)的激励,我专攻了概率论,这在当时是一个热门的数学领域。那时有许多有天赋的学生和年轻的教员跟柯尔莫戈洛夫一起做研究,他周围的数学生活令人受益而兴奋。

毕业后我追随柯尔莫戈洛夫教授在他的应用统计小组工作了四年,并在他为天才高中生创办的学校教课。我非常幸运能结识这位伟大的人物并跟他一起工作,他培养和激励了好几代的数学家。

之后我到了研究生院,接受西奈(Yakov G. Sinai)的指导,他是柯尔莫戈洛夫最杰出的学生之一。虽然那时西奈非常年轻,但他已经对遍历理论做出了基本性的贡献。遍历理论是一个与概率论相关并源自热力学和统计物理的数学领域。西奈要求他的学生接受广泛的数学教育。这对我后来的研究帮助很大。在我的学位论文中,我研究了负曲率曲面上的测地流的遍历理论,这是从几何上引出的动力系统,它具有极其随机的行为。

1971 年,在我取得博士学位以后,我移民到以色列,并在耶路撒冷的希伯来大学担任讲师。以色列的学生很聪明而且有想法。我非常喜欢给他们讲课。那些年我继续研究几何动力系统,并与鲍恩(Rufus Bowen)定期通信,他是同一领域内在伯克利工作的年轻数学家。不久我收到并接受了来自伯克利数学系的聘书。数学生活一片欣欣向荣。几乎每天都有人提出新的想法或做出新的发现。

我也做出了一些发现。我那时在研究负曲率曲面上的极限圆流,这与我此前研究的测地流紧密相关。我发现,不像等熵的测地流,从统计上看,极限圆流非常不同,而且紧密地关联于曲面的几何结构。结果表明,我在这个工作中引入的思想非常基本而且影响广泛,特别地,可以应用于数论。我在 1984 年匈牙利的一次会议上第一次认识到这一点,马古利斯(G. A. Margulis)告诉我,他对数论中的奥本海姆猜想(Oppenheim conjecture)的证明受到我的想法的启发。后来,这些想法引导我得出了达尼(S. G. Dani)和拉古纳坦(M. S. Raghunathan)关于李群商空间上的幺幂流的猜想的证明。我很高兴地看到我的定理如此广泛地应用于解决其他许多重要的问题。

　　对我来说，数学是自然之美的一部分，我非常感激能够欣赏它。不论我讲授的数学是什么，我乐于将它的美传递给我的学生。

雅科夫·西奈
(Yakov Grigorevich Sinai)

数学物理,动力系统,数理概率

沃尔夫数学奖(1996/7 年),阿贝尔奖(2014 年)

普林斯顿大学,数学教授

我的外祖父卡根(V. F. Kagan)是一个非常有名的俄国数学家。他是一位几何学家,写了关于罗巴切夫斯基(Lobachevsky)和罗巴切夫斯基几何的几本书。他在一百多年前写的一篇文章最近在《美国数学月刊》上有提及。在我决定也要做数学家的那一刻,外祖母告诉我,你必须要清楚,数学家全天二十四小时都在思考数学。她问:"你真的愿意这样做吗?"我再想了一遍,告诉她,我愿意。直到现在我都在尽力保持这个习惯。

我在莫斯科国立大学学数学时,有好几个杰出的老师和导师。我的第一个导师是切塔耶夫(N. G. Chetaev),一个伟大的经典力学专家。那时我甚至认为我的主要领域将是动力系统理论。我的第二个导师是登金(E. B. Dynkin),他给了我一个非常有趣的问题。我发表的第一篇论文就是这个问题的解。在以后的许多年里,我的老师和导师

是 20 世纪伟大的数学家柯尔莫戈洛夫（A. N. Kolmogorov）。许多人问我，作为柯尔莫戈洛夫的学生感觉如何。回答并不那么简单。柯尔莫戈洛夫从不跟他的学生"玩"数学。他给的每一个问题通常都引出许多贡献和富有成果的联系。另一方面，他对数学的认识是惊人的，而且他在许多领域都是伟大的专家。他周围的所有人都非常受激励。我从盖尔范德（I. M. Gelfand）那里学到了很多，他在莫斯科组织了一个极好的讨论班。我也从罗赫林（V. A. Rohklin）那里学到很多，我和妻子都视他为亲密的朋友。

现在我在普林斯顿生活和工作。对做数学来说，这是一个非凡的地方：我有许多朋友，与他们有受益良多的学术交往；有许多学生；还有一个令人愉悦的工作环境。

伯努瓦·芒德布罗
（Benoit Mandelbrot）

几何、自然和文化中的分形

沃尔夫物理学奖(1993 年)

耶鲁大学斯特林(Sterling)讲座荣誉退休教授

  我和我排行最小的叔叔[①]出生在华沙,长大后都成了数学家。但是过于特殊的时代先后影响了我们的青年时期,将我们造就成完全不同的两个人。他成了一名全职的行家里手,而我却不是。

  第一次世界大战时期,叔叔正值青年。在俄国革命期间,四处闲逛的他迷上了法国古典数学分析。他来到巴黎深造,很快成为这一领域的领军人物。此后不管环境多么恶劣,他都一直坚持做研究。

  第二次世界大战期间,我在法国中部一处贫困和偏僻的高地避难。战争结束后,我获得著名的巴黎高等师范学校的入学资格,这要归功于我在使用图片辅导数学方面的天分和后天练就的能力。但是我没有在

---

  ① 指佐列姆·芒德布罗伊(Szolem Mandelbrojt),他的名字也出现在关于保罗·马利亚万(Paul Malliavin)的篇目中。此外,作者芒德布罗个人主页中的中文名为"本华·曼德博"。——译者注

这一领域施展拳脚,而是选择追随我的梦想——尽管我的叔叔曾警告我,这是一种极其幼稚的行为。我无比崇拜开普勒(Johannes Kepler),并想要效仿他,他的主要成就是,修正了古人关于行星运行的轨道学说,即指出了行星的轨道是椭圆而并非圆,这解决了观测天文学中行星运动由来已久的"反常"问题。

尽管困难重重,我的梦想最终得以实现了。不知不觉中,我面对了一个自几千年以前就为柏拉图所提出,但一直无人知道该如何着手的工作。事实上,相比于欧几里得,在自然和文化领域内,几乎所有常见的模式不仅更加复杂,而且从总体上来说更加不规则和分散,它们往往展现出大量(实际上是无穷多)完全不同的尺度。

数学家庞加莱曾说过,有一类问题是人们向数学提出的,还有一类问题则是它自身提出的。由于海湾和海角的缩小而使得测量长度增加后,英国的海岸线究竟有多长呢? 如何界定锈铁、碎石、金属或玻璃的粗糙度? 一座山、一条海岸线、一条河流或两个流域之间分界线的形状是什么? 也就是说,几何学能否表达出这个词所体现的特征,即对原生态地球真实的测量? 暴风雨中的风速有多快? 一片乌云、一团火焰,或一次焊接的形状是什么? 宇宙中银河系的密度是多少? 金融市场的价格波动率是多少? 如何比较甚至衡量不同作家的词汇?

总之,自然界的"粗糙度"提出了数量惊人的各种各样的问题,这些问题被长期搁置,似乎没有希望解决。它们挑战着传统几何中将自然和文化中的粗糙部分视为无规律可循的看法。

现在,我可以用事实来描述我一生的工作了。我以开普勒的精神,面对所有那些或新或旧(以及大量类似的)挑战。在我出生之前的半个世纪,数学家已经进行了他们认为从现实中解放出来的深思熟虑的工作,并且相信他们创造了他们所谓的"怪物"或"病症"。在电脑的帮助下,我真的把这些可能的创造直接转换成他们最初的意图,并且证明,这能够帮助解决一些古老的问题,比如我上面所列出的"诗人和孩子的

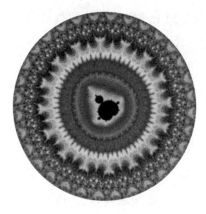

问题"。为应对那些令我叔叔一筹莫展的奇特"病症",我发现了现在所谓的芒德布罗集,简单地说,就是包含了数学中最复杂对象的集合。在许多情形,我从图片中提取了许多抽象的猜想,它们被证明是极其困难的,受到了大量艰深工作的启发,并带来了很高的回报。

　　译者注记:芒德布罗的分形几何著作 *The Fractal Geometry of Nature* 有中译本《大自然的分形几何学》,陈守吉,凌复华译,上海远东出版社,1998 年。

乔治·奥齐齐欧鲁
（George Olatokunbo Okikiolu）

泛函分析

独立学者

1941 年，我出生在尼日利亚的阿巴（Aba）。我母亲是卡拉巴尔（Calabar）之王的女儿，她受过护士训练，在一所医院工作，那里的医生和职员都来自于联合王国。联合王国当时管辖着大英帝国，大英帝国在非常"遥远的"西尼日利亚的阿贝奥库塔（Abeokuta）有殖民地，我母亲正是在那里遇见了我父亲，一个医生。在英国的王子和王妃加冕之后不久，我母亲生下了我和双胞胎妹妹，她和她的朋友提议给我们取名为乔治（George）和伊丽莎白（Elizabeth）。

在拉各斯和伊巴丹（Ibadan）念完小学后，我来到了阿贝奥库塔的浸信会男子中学。每次从学校回家，我才能从狂热的抱怨中恢复过来，但我总是确保平常在校的表现优异。

虽然我童年在医院进进出出的经历让我感觉长大后会当一名医生，但我在数学和物理方面的兴趣发展起来了，我在大学学习了这些科目，并获得了理学学士优等荣誉学位。之后，我得到一笔奖学金来写一

篇关于实分析和复分析的硕士论文。我研究了测度论中的强低稠密性，在1964年得到理学硕士学位。

　　我发表了第一篇论文，内容是关于傅里叶变换（Fourier transform）和希尔伯特变换（Hilbert transform）以及分数维积分，并向许多大学申请了助理讲师职务。1965年，我开始在苏塞克斯大学任职。那时，我的第二个女儿凯瑟琳（Katherine Adebola）［现在是一个数学家（译者按：见下一篇目）！］出生了。在第一篇论文成功发表之后，我立即准备了其他研究论文发表，内容涉及舒尔不等式（Schur inequalities）的推广、分数维积分的反演关系、希尔伯特变换和三角级数的狄利克雷型变换（Dirichlet-type transform）的推广。到1970年，我已经发表了24篇关于积分算子的各个课题的论文，并且正在写我的第一本书《L^p空间的有界积分算子理论》（*Aspects of the Theory of Bounded Integral Operators in L^p Spaces*），它在1971年由科学出版社出版。然后我继续做研究，在1971年取得理学博士学位。于是在各种位置有了可以考虑的新工作。我被告知，英国的东安格利亚大学在考虑给我一个教授席位，但早期的通知并未得到确认，而在接下来的几年里，我的身体开始出毛病，于是在1974年我就从大学提前退休了，此后一直从事个人发明。

　　我最初的发明包括质子提取器、电子-化学振荡器和磁波发生器，但它们没有太大的商业开发前景，所以我转而考虑其他创意。我的两个主要的发明项目包括光转换器技术和基于红外和其他波形的电视摄像机。尤其是基于各种波形的电视摄像机与我的许多其他发明有关，这些发明在电视摄像机中作为远程效应设备，且这些远程效应设备带有对人体产生影响的压力波产生系统。我的其他著名发明包括：一种只有戴上合适的偏光元件时才能看见的偏光可见铭文；线性旋转电机组件；光控带光电感应器马达的发电机；基于多种电学效应的液压投影式电气终端；各种形式的电视组件；电器设备和电动汽车中的组合发电电动机;核聚变系统。到 1975 年为止,我已累积发表了 25 项联合王国的专利说明。伴随着工业发展的一些形式,与我的发明项目相关的产品因为资金的考虑而受到了限制。

1990 年,我着手出版了我的一些书,特别是《偶数阶幻方的填充》(*Completion of the Magic Square of Even Order*)和《特殊积分算子》(*Special Integral Operators*),各有两卷。从 1981 年开始,我经常为《发明与专利说明概要通报》(*Bulletin of Inventions and Summary of Patent Specifications*)与《数学通报》(*Bulletin of Mathematics*)供稿。

凯特·奥齐齐欧鲁
（Kate Adebola Okikiolu）

几何分析，谱几何

加州大学圣迭戈分校，数学教授

我母亲是英国人，来自于一个具有工会背景并以阶级斗争为关注焦点的家庭；她后来在伦敦遇到了我的父亲，一个尼日利亚人，当时他们都是数学系的学生。父亲是很有天赋的数学家，在结婚后，他接受了东安格利亚（East Anglia）大学数学系的一个职位。在我成长时，我所上的小学里，种族极其单一。我无法摆脱关于种族歧视的沉重压力，而母亲总是用政治背景来解释这一点。在父亲辞掉大学工作而关注于其个人发明以后，他和母亲离异了，之后母亲完成了她的教育并成了中学数学教师。我们搬到了伦敦的一个完全没有种族偏见的地方，对我来说就像得到了重生；正是在那里，我对数学的真正兴趣发展起来了。我自学数学课本，考虑到我父母都是学数学出身，这一点也许是很奇特的。同时，我花了大量时间学习美术，并希望在那个方向追求我的人生目标，一直到我的家庭最终劝服我必须首先取得数学学位以确保我可以谋生。我去了剑桥，这代表着我人生中的第二个主要变化。在学到

更多的数学之后，我理解到，数学有一个属于它自己的整个世界，许多人都选择生活在这个世界中，而且从很多方面来说这个世界比现实世界更加真实：它让人感受到永恒和不朽，并提供了一种深度的安全感，因为几乎每一个理解它的人都会对真理是什么有一致的看法。

在完成剑桥的学业后，我已经非常热衷于数学而不再考虑其他生涯了。我去了加州大学洛杉矶分校念研究生，这代表了我的另一个主要人生转变。毕业之后我立即得到了普林斯顿大学的职位，我在那里待了四年，遇见了我的丈夫，他也是一个数学家。之后我在麻省理工学院待了两年，而在过去的十年里，我和我丈夫都在加州大学圣迭戈分校工作。我们有两个孩子。

我的研究领域是谱几何，研究一个东西的形状如何影响它被共振之后的音阶。这个领域的一个著名问题是，听音可以辨鼓吗？谱几何在不同的科学领域之间搭起了桥梁，包括工程学和物理学，还有数学的一些不同领域。然而，在每一个学科，研究的问题都非常不同。我是一个数学分析学家，我从无穷大和无穷小的眼光去理解事物。现在我正在研究的一个东西是曲面的总波长，这个曲面可以是球面，也可以是更复杂的东西，例如轮胎面或椒盐卷饼的表面。这个总波长是什么？如果你敲打一个曲面，它可以共振出一系列不同频率的声波，而每种声波的波长反比于其频率。在数学化的理想模型中，存在着无限多个可能的波长。这个总波长应该是这些单个波长的总和，除非这个无限和等于无穷大。幸运的是，通过一个称为正则化的过程可以给它指定一个有限的数，虽然正则化过程稍微有点难以把握。（这个过程也被用于数学物理中，从一些并不真正有意义的公式神奇般地得到正确的结果！）我第一次对总波长感兴趣，是因为它是与某个问题相关的模型，这个问题大致可以表述为：我们可以听出宇宙的形状吗？然而，总波长出现在数学的许多不同领域中，我发现这些联系非常有趣。

虽然我不能断言,可以轻松地保持我在数学研究中的抱负与成为好母亲、好老师或对世界的社会变化产生正面效应的抱负之间的平衡,但我确实感到非常幸运,对我来说,能够用我的一生来应对这些挑战,是非常有趣而重要的。

威廉·高尔斯
(William Timothy Gowers)

泛函分析,组合数学

菲尔兹奖(1998 年)

剑桥大学,劳斯·鲍尔(Rouse Ball)讲座教授

　　我出生在一个音乐家庭:父亲是作曲家,母亲是钢琴教师。在小学,我的大多数科目都学得很好。虽然数学是我的至爱,但还有其他几个科目我也几乎同样地喜欢。直到十一二岁时,我将以数学为专业才成为比较明朗的事情,几年之后我放弃了成为音乐家的所有想法。如果我真的成了一位音乐家,那么我可能会尽力步我父亲的后尘而作曲。如果我真的那么做的话,那么从某方面来说,我生活中的主要活动也将与现在的情形差别不大。与一个长篇幅的证明一样,一段有意义的音乐也是一个复杂的抽象实体,必须满足严格的约束,创造出这样一个实体需要你在各种层次上精心准备:大到整体结构,小到那些出现在当你试图使你的高水平的思想奏效时的细节问题。我父亲对数学一直有强烈的兴趣,他觉得好像我走的这条路,也许是他在另一个生命里会选择的一条路。

直到上大学之前，我对数学家职业都毫无观念，即便在我来到剑桥聆听职业数学家授课时，我对他们在教学之外的生活也知之甚少。我最终成为数学家并不是因为我早期决心要成为数学家——那时我甚至不知道存在这样的人，而是因为，在英国教育体系让我选择专业的每一次机会中，我总是乐于多学一点数学而少学一点其他科目。对此有益的是，我有许多的极其优秀和鼓舞人心的老师，他们不拘泥于标准的教学大纲。

只是在我开始了攻读博士学位，扫除了为取得学位所有必须扫除的障碍时，我才看清了一个真正的数学问题的面目。在那之前，我所遇到的问题或者是著名的未解决的难题，如费马大定理（Fermat's Last Theorem），或者是经过精心设计的具有巧妙解答的问题，如那些出现在数学奥林匹克竞赛中的问题。但我第一次研究的问题属于一个称为巴拿赫空间（Banach space）的几何领域，与之前遇到的问题完全不同，这些问题并不非常有名，要解决它们，光靠技巧是不够的。相反地，我必须利用数学研究中一个最常用的方法，即先选择一个已存在的论证——这个论证也许利用了某个我自己从未想到过的技巧，然后修改它。

随着研究经历的增多，我开始认识到，除了解决问题的能力，还有更多的数学技巧；同样重要的是，如何选择要研究的问题，以及如何让其他人相信你的研究是有趣的。在这两种情形中，如果你的工作可以对一个更大的计划起作用，那么这对你的研究是大有帮助的。我目前的研究领域是一个相对较新的领域，称为"算术组合"，它是数论、调和分析与极值组合的一个非常有趣的融合。算术组合发端于一些看起来彼此孤立的问题和结果，但逐渐变得清晰的是，这些问题和结果以一种有趣而出人意料的方式联系在一起。我现在所贡献的更大的计划就是理解这些联系，将已存在的技术发展成一个更加清晰的理论，发展新的思想以解决某些重要的尚未解决的问题。

　　引发他人对其工作发生兴趣的一个更直接的方式是解决一个著名问题,这是我偶尔能做的事情。然而,即便是在这里,一个一般的研究策略也是重要的。当一个人在已经为许多人尝试过的某个问题上进行研究时,他耳边会经常响起一个细微的声音:"如果这个方法行得通,那么这个问题早就解决了。"这有 99.9%的可能性是对的。但如果一个人对某个问题钻研得足够深,他就能够成功地识别并挑出解决这个问题的一个关键障碍,而且也许只是出于偶然,他发现可以用最近发展出的某个技术来跃过这个障碍。这种意外发现的时刻是少有的,但在好的研究策略的帮助下,可以使得这样的时刻不那么稀少。对我来说,这是做数学的最大乐趣。

里纳特·卡尔森
(Lennart Axel Edvard Carleson)

调和分析

沃尔夫数学奖(1992 年),阿贝尔奖(2006 年)

乌普萨拉大学和斯德哥尔摩皇家技术所荣誉退休数学教授,斯德哥尔摩米塔-列夫勒(Mittag-Leffler)研究所前任所长

关于数学和数学家有一些成见。我将根据自身的经历来谈谈其中一些。

　　　　"对数学具有特殊天赋的人很少。"

当然,为了成为数学家你需要有很高的智商。许多人乐意用"天才"来赞扬那些在学校考试中能够解答所有问题的学生,但我宁愿将这个词留给那些具有特殊洞察力的人。我一生中只遇到了很少几个那样的人,不过他们确实存在! 对于余下(在本书中)的我们,真正重要的是心理状况。在斯德哥尔摩有一个博物馆,里边展览着所有诺贝尔奖得主的照片。博物馆的广告是:"来吧,看世界上最顽强的人!"(逗吧?)又

或者,想想当牛顿被问及他是如何构思出引力的想法时的回答:"不停地思考。"在我的数学生涯中,我曾很认真地思考过 3 个数学问题,每一个都花了五到十年时间。有时它们完全占据了我的大脑,当然你也可以问,以这样的方式度过几年是否合理。

"做数学是一件乐事,而当你找到了你所寻求的答案时会有非凡的满足感。"

我之前所说的一切似乎反驳了这个断言,因此我要立即更正说,这个断言只是偶尔才成立:只有在做研究一帆风顺的时候才是如此。然而,许多努力都会以失败告终,而废纸篓是数学家(仅次于笔和纸的)第二重要的装备。在寥寥几页的论文终稿的背后,蕴含着大量的艰苦工作。也许论文看起来越简单,它就越精妙,而它要求的工作也就越多。可以肯定的是,它最初并不是以这种方式出现的。我的经验是,你慢慢才想到结果,而且只有在你反复检查以后,你才认识到你消除了所有的差错。对数学家来说,"尤里卡(Eureka)"①绝非一个常用的词语。

"所有好的数学都是由不超过 N 岁的数学家做出来的,而 N 通常取值在 30 左右。"

同样地,这句话也有一定的正确性。我将从生理学的角度给出一个解释。这个断言在体育竞技中必然是正确的。类似地,在数学中,为

---

① "Eureka"是古希腊学者阿基米德根据比重原理测出希罗王王冠所含黄金的纯度时所发出的惊叹语;现用作因重要发明而发出的惊叹语,意思是"有了!"、"我发现了!"或"我想到了!"。例如,高斯在 1796 年 7 月 10 日的数学日记中曾记下这样一款:

$$EUREKA! \qquad number = \triangle + \triangle + \triangle.$$

这也是在欢呼"Eureka",因为他证明了后面的一个著名结果:每个自然数都可以写成 3 个三角形数[形如 $n(n+1)/2$ 的数]之和。——译者注

了取得非凡的成就，你需要长时间地持续专注，而在你年纪大了以后，这是很难做到的（我可以为此做证）。然而，在 N 岁之后，你仍然可以做不那么富有原创性但仍然有价值的工作，我绝对不认为人会变得越来越笨。开创性的工作和极其复杂的工作是年轻人的领域，但对于需要概观和见识的结果，我们一生都有机会。

陶哲轩
(Terence Chi-Shen Tao)

调和分析,偏微分方程,数论,组合数学

菲尔兹奖(2006年)

加州大学洛杉矶分校,数学教授

我一直喜欢数学。记得在我两三岁时,总爱围着祖母转。她一边擦窗户,一边跟我玩游戏。她要我说出一个数字,比如说3,她就用清洁剂在窗子上喷出一个大大的3然后再擦掉。我觉得太好玩了。我小时候也有一些算术练习簿。它们都很简单,比如,像 $3+\square=7$ 这样的等式,问方框中是几? 我觉得真是有趣。对我来说,数学是唯一让我奉为真理的:3 加 4 就是 7,合该如此。永远无人可以提出新兴概念而说老答案已经是不对的。我喜欢数学的明确理性,并视它如一种抽象的玩意。我只是在后来才意识到它是如何与现实世界相关,又如何可以应用到各种事情上。

我在澳大利亚长大。在儿时父母曾给我做过测试,在发现我有某些才能之后,他们为我安排了一些特殊课程。我交错着跳了几个年级。例如,在初二时我一边上英语课和体育课,一边上高三数学和高二物

理。在高三时我已经上了大学的一些数学课程。我母亲不得不将我从高中接送到当地的大学。这真是复杂。在某些课堂中同学与我差不多大，而在其他课堂中同学要比我大五岁。许多同学都比我高大和成熟。我 21 岁在加州大学洛杉矶分校第一次走上讲台教书时感到非常惊讶，因为那是头一次我成为教室里年纪最大的人。

我研究素数。素数是指那些只能被它自身和 1 整除的自然数，如 2,3,5,7,11 等。我与格林（Ben Green）证明的一件事情是，在素数中可以找到一个以算术级数著称的特定模式。你可以找到 5 个、10 个、20 个甚至是如你所愿的任意多个等距的素数。

素数已经被研究了三千多年，这主要是出于好奇心。大街上的普通人并不需要这些素数来做什么。但有趣的是，大约三四十年前人们发现，素数对密码学非常有用；事实上它比人们发现的其他代码都要好得多。今天，如果你使用自动取款机或在互联网上使用信用卡，它们就会将你的所有数据扰乱成某个基于素数性质的代码，因为这种代码是我们所知的最安全的代码之一。

数学在某方面类似于考古学。你也许会找到某个东西的一角，并由此判断它是有趣的。于是你开始在别处挖掘，又找到了非常相似的另一角，你会想，是否有更深的联系？你继续挖掘，最终发现了地下的结构。当某些东西最终表明有意义时，你有一种发现的激动。

我和许多优秀的聪明人一起工作，从他们身上我学到很多。但我无意说，要想取得成功，你必须是一个超级天才。对许多真正优秀的数学家，如果你突然出其不意地提出一个数学问题，他们一开始的反应将是缓慢的。你可以观察到他们在思考。五到十分钟之后，他们会提出一些确实好的建议。他们也许不会非常敏捷，但可以非常深刻。每个人各有所长。就像竞技体育一样，有游泳健将也有马拉松长跑运动员。游泳健将也许会令马拉松长跑运动员畏惧，反之亦然，但他们都有优秀的才能。

我一生中想解决的问题很多,但其中有许多就像悬崖峭壁一样,没有明显的路径可以攀登。我正在研究那些较为可及的问题。我希望积累更多的技巧、工具和洞见。之后再回到那些我真正想解决的问题,看看是否会有所改观。偶尔它们会有轻微的退让。这有点像钓鱼。你可以是一个很好的垂钓者,也可以选择鱼多的一个地方,但你还是必须等待鱼儿上钩。

罗伯特·冈宁
(Robert Clifford Gunning)

复分析

普林斯顿大学,数学教授、教授院院长

我非常有幸过着职业数学家的生活,这种生活本身也是有趣的。它每一年都有生机勃勃的重新开始:送走了一拨本科生和研究生,紧接着又迎来了一批新的本科生和研究生。毕业生们曾努力提供了关于某些数学的知识与直觉,对数学的兴奋与挑战的感觉,对他们所提出的或应该提出的问题的反应,以及继续学习和应用数学的勇气;而新生们则有各自不同程度的渴望与期望,以清新的大脑与新鲜的兴趣继续那些过程。在度过每一个紧张的学年后,假期中有了重新组织和开始的机会:有了时间回顾在过去的一年做了什么,吸收和整理所学的内容,将那些成熟的想法与计算写成论文;有了闲暇更广泛地阅读数学文献;有了自由去思考要关注的新的方向和问题。

数学本身是令人愉快的领域,既稳定又总在改变,具有可挑战的深度与吸引人的广度。它也许是唯一真正可以累积的人类活动:新的概念在诞生,旧的思想仍然可以重新加工利用、扩展和推广,但无一丢失,

所有这些都被融入扩展的数学知识主体中。阿基米德分块计算规则多面体体积的技巧在 17 世纪的微积分发展中延伸为卡瓦列里原理，在 20 世纪测度和积分的一般理论中又进一步延伸为富比尼定理；谁知道将来它又是什么样子。基本的思想从来没有丢失，而是被推广并融合到一个更宽广的数学结构中。数学是难以置信的广阔，其结果和问题的范围一直在延伸，因此数学家从来都不缺少新的领域来开发，从来都不缺少新的问题来思考。数学家绝不会反反复复地教同一个东西，而总会发现旧材料的新的想法、应用和组织，发现新的与其他领域的关系，发现新的可以应用已知技巧的问题，发现新的攻克已知问题的技巧。数学如此宽广，你可以追求你的想法，而不必担心可能与一大批数学家在同一个问题上竞争。对新结构的识别、对证明的理解，在一段很长的、极度令人痛苦的沉思时期之后终于看到了问题的解的喜悦，塞满了演算纸的字纸篓，看起来没有进展的沮丧阶段的不眠之夜：所有这些使得数学成为一个具有挑战性并且令人非常喜悦的活动。

伊莱亚斯·斯坦
(Elias Menachem Stein)

调和分析

沃尔夫数学奖(1999 年)

普林斯顿大学,阿尔伯特·鲍德温·多德(Albert Baldwin Dod)
讲座教授

很小的时候,我对永动机的想法非常痴迷。5 岁时我认为我已经发明了这样一个机器,我详细推敲了这个想法并设想了它的几个变种。我的父母对科学一无所知,但他们顺应我。长大一点后,我意识到这可能是行不通的,但保持着这种我具有某种特殊天赋并可能有所成就的幻想是很令人憧憬的。

1941 年我 10 岁那年,由于战争我从比利时来到了美国。之后我立即先后对化学和物理发生了兴趣。后来我在高中听了一门非常有启发的平面几何课,这让我相信数学就是我要走的路。我很幸运,因为在施托伊弗桑特(Stuyvesant)高中还有许多对数学着迷的同龄人。后来我在芝加哥大学和哈佛大学中选择了前者,因为我很难早起。这个积习在念研究生时就更加根深蒂固了,我通常睡到中午。芝加哥大学有

一个体制,这在当时是独一无二的:不要求学生听课而且课程的分数仅由期末考试决定。虽然我选择大学并非出于最明智的理由,但后来发现这个选择非常幸运。事实上,芝加哥大学是大学者和科学家的麦加,而且我从我的老师齐格蒙德(Antoni Zygmund)以及朋友和同事那里所学的,持续影响了我的一生。

我在麻省理工学院找到了第一份工作,并在那里待了两年。之后我回到芝加哥大学当了三年教员,然后来到了普林斯顿大学。芝加哥是一个伟大的分析中心。在那里我无拘无束,因此对我来说,离开这个温馨之地其实是难分难舍的。到了普林斯顿,我感觉自己就像是一个处在不太友好的环境里的囚犯。不过情况立即好转了。

我在一个称为调和分析的领域内工作。数学有悠久的历史,而主要的学科可能有几百年的历史。调和分析始于 18 世纪末,但其本质发生了很大的变化,即便在我的一生中也是如此。我引进了一些新的观点,并开拓了这个学科与其他领域的一些新奇的联系。虽然我对自己的贡献很自豪,但我知道,对个人来说,任何重要的东西都不是真正独有的。

一些人做数学是因为它特殊的外在应用。我不是这样,我对数学本身更感兴趣。我还想指出另一个差别。有一些人在特别困难的问题上工作,因为这些问题具有挑战性,他们受到一种解决这种困惑的欲望的驱动。还有一些人在力求看出各种内在的联系,并发展开阔的视野。我的风格更接近后者。

数学活动是什么样子的呢?很难用言语描述。但我要说,对我而言,它有点像艺术。你想做什么有很大的自由,而且你对你工作的价值评判是依据内在的审美感觉与它带给你的喜悦。另一方面,在数学研究中,你不能摆脱严格性和相干性的牢牢限制,而其最终价值则由成熟时期的科学所决定。

约瑟夫·科恩
(Joseph John Kohn)

多元复变函数，偏微分方程

普林斯顿大学，数学教授

我出生在捷克斯诺伐克的布拉格，并在那里一直居住到 7 岁。当德国人 1939 年占领布拉格 3 个月以后，我们移民到了厄瓜多尔。我的外祖父是著名的律师，他对数学和科学有浓厚的兴趣。我依然记得 5 岁时他告诉我，如何用一根带标记的手杖来估计一棵树的高度，在白天如何从太阳的位置来判断时间。我的父亲是建筑师，在我很小的时候，他就让我对透视、几何和绘画发生了兴趣。自童年开始我就为数学与科学中的数学推理所吸引。

在厄瓜多尔的头三年，我住在一个偏僻的小城（昆卡），我受到的教育非常严厉而且守旧。特别是数学课，主要是记住各种算法，如"比例法"、取平方根的"九分法"①等。我总是对此很感兴趣，即便我们的老

① 用"九分法"计算平方根的一个例子是，为确定$\sqrt{2}$到一位小数，我们知道$\sqrt{2}$必定介于 1 与 2 之间，以下九个数 1.1, 1.2, …, 1.9 将整个区间$[1, 2]$分成十等分，通过计算这九个数各自的平方，不难发现 $1.4^2 < 2 < 1.5^2$，从而$\sqrt{2}$一定介于 1.4 到 1.5 之间，因此$\sqrt{2}$的第一个小数位就是 4；同样的方法继续操作，我们可以将$\sqrt{2}$确定到任意指定的小位数，而通常我们所取的$\sqrt{2} \approx 1.414$ 就是如此得到的。——译者注

师的观点是,这些法则乃上天所赐因而必须无条件地相信,但我还是尽力弄清楚了这些方法为什么行之有效。在接下来的三年里,我们住在厄瓜多尔的首都基多,并在一所美式国际学校(基多美式国际学校)上学,那里的课程设置跟美国一样。这个学校对学生要求较低,而且数学实在很简化。这两个学校之间的对比是鲜明的:在昆卡,我们被要求死记硬背大量的内容;在美式国际学校,形式化的学习少了许多,而自我表达和课外活动是重点。

小学毕业以后,我来到了美国接受教育。我就读于布鲁克林技术高中,那里有一些鼓舞人心的老师。我对数学和科学的学习并不局限于课堂。我是数学俱乐部、数学小组和纽约自然科学博物馆少年天文俱乐部的成员。我决定以后学习数学,这是一个很艰难的决定,因为我不清楚作为数学家将如何谋生。我来到了麻省理工学院主修数学,听了一些著名数学家如胡尔维茨(Witold Hurewicz)、维纳(Norbert Wiener)、纳什(John Nash)和莱文森(Norman Levinson)的课程。除了在这些课程中学到的思想和技巧以外,我也洞悉到做数学研究的不同途径。

我来到了普林斯顿大学的研究生院。普林斯顿数学系有许多世界领头的数学家,并有极好的强调研究创新的研究生计划。在 20 世纪 50 年代,美国标准的研究生数学教育包括三年要求很高的课程学习,然后是一篇论文。普林斯顿的研究生计划不同寻常:课程是完全非正式的,也没有学分,而学生被鼓励尽早地找出研究课题。因此在本科生体制与研究生计划之间有一个明显的差别:前者重在学习考试大纲指定的具体素材,而后者侧重于独立学习以培养研究兴趣。

我曾经(而且现在仍然)为偏微分方程与复分析之间的相互渗透而着迷。考虑到我的兴趣,我对论文指导老师做出了最好的选择。斯潘塞(Donald Spencer)非常热情,也非常支持我;他鼓励我追求自己的想法,并建议了研究方向。最重要的是,他是一个榜样:他的激情、坚韧、献身精神与高标准,都引导了我的数学发展。

非常幸运的是，我的第一份工作是在布兰代斯大学。这里有一个正在成长壮大过程中的年轻数学系，我很兴奋能够作为一分子参与到这个宏图伟业中。在布兰代斯，我被鼓励研究重要的问题；质量的强调高于数量。于是我有机会展开一项富有抱负的长期计划，而不必承受常见的频繁发表文章的压力。

1968 年，我来到了普林斯顿大学数学系，在一个理想的氛围中继续我的研究。我的几个同事在与我的工作紧密相关的问题上做研究，而且我有了一些确实有天分的学生，他们在我感兴趣的问题上做出了引人注目的贡献。

我职业生涯最精彩的时刻是，在经历了许多令人沮丧的努力之后，我在解决一个问题时获得了进展，或者是理解了我的研究对象的一些特性使得我可以继续前进。这是充满魅力的永无止境的目标追求：一旦一个问题被解决了，就会引出其他的问题，追逐又重新开始了。

查尔斯·费弗曼
(Charles Louis Fefferman)

傅里叶分析,偏微分方程

菲尔兹奖(1978 年),沃尔夫数学奖(2017 年)

赫伯特·琼斯(Herbert E. Jones, Jr.)大学、普林斯顿大学,数学教授

　　小时候我想知道火箭是如何运作的,于是从图书馆借了一本物理书来看。结果我发现一句话也读不懂。睿智的父亲跟我解释说,因为书中处处有你未曾学过的数学。

　　于是我开始学习数学课本,从小学四年级的算术开始。在学完微积分以后,父亲把我带到了当地的马里兰大学寻求指导。这是我与马里兰大学交往的开始。那里的老师极好。这是一个很大的州立学校,但我感觉整个数学系都在为我提供私人辅导。我被马里兰大学作为本科生录取了。这是不合法的,因为当时我还只有 14 岁,但数学系主任向校方施压说,如果学校不录取我的话他就辞职不干了。倘若没有他们从前的壮举,今天你(译者按:指摄影师库克)不会来拜访我。

　　我去了普林斯顿念研究生。能追随斯坦(Eli Stein)学习是我最大

的幸运,他不仅是一位伟大的数学家,而且也许是我见过的最好的数学老师。斯坦的教学和榜样对我的工作仍然是一个主要的影响。

我想描述我的两项贡献。第一个贡献是挂谷(宗一)集(Kakeya set)与傅里叶分析之间的一个联系。平面中的挂谷集具有奇特的形状。你可以将一枚细针在一个挂谷集的内部翻转一整周;而这个挂谷集的面积可以要多小就有多小。傅里叶分析研究复杂的振动如何分解为简单的振动。例如,小提琴弦的复杂运动由根音、第一泛音、第二泛音等构成。如果将高频部分移去,小提琴弦的音调将会降低。部分原因是,小提琴弦是一维的。照片是一个二维的影像,也是由类似于琴弦的根音和泛音这样的简单片段构成的。由于照片是二维的,它可能无法对焦,而当截去高频部分时又会突然精准对焦。这是因为挂谷集的存在。我在 20 世纪 70 年代发现了这一点。二维以上空间的挂谷集继续呈现了具有挑战性的问题。这本书中的照片当然是完美对焦的。

其次,我花了很多年研究关于原子的数学问题。任何一本量子力学书都会解释为何一个电子与一个质子联合而成一个氢原子。但书上不会告诉你为何数以万计的电子与数以万计的质子一起联合成数以万计的氢原子。这是一个困难得多的问题,需要许多数学;完全的解答仍然未知。我的贡献是,将这个问题归结为对系统能量的估计。

我没有去选择问题;是问题选择了我。问题会吸引我,让我理所应当地为之思索几年或几十年。有时我得到错误的想法。错误的想法好比是锅里的原料。加了充分多的原料以后就可以熬汤了。如果运气好,味道就不错。

在普林斯顿,我通常教一门研究生课(通常是论述我本人的工作)和一门本科生课(通常是初等微积分)。当研究停滞不前时,一想到我正在做一些有用的事情可以陪伴我的大一新生度过一段不那么痛苦的时光,我就很知足。

罗伯特·费弗曼
（Robert Fefferman）

调和分析，偏微分方程，概率

芝加哥大学，物理学院院长、马克斯·梅森（Max Mason）杰出服务数学教授

　　我的母亲在德国长大，就读的学校以纪律极其严格为主要特色，而且特别缺乏数学方面的教育，因此她彻底讨厌数学。我的父亲是经济学家，他取得博士学位用到的数学还不够一门微积分课程的要求，因为他的老师告诉他，经济学与数学没有一点关系。他在高中曾经一直擅长数学，像其他任何学生那样，他喜欢并崇拜这门学科，而且他一直渴望自学微积分。我的父母有两个儿子，而且都成了数学家。我认为，在很大程度上，父亲对数学的态度和经验影响了我们的学术抱负，而母亲只能在一旁惊讶地观望。

　　哥哥查尔斯（Charles）为我树立了一个卓越的榜样，记得看到他的绚烂成就和热情时，我也非常欣赏数学，虽然我在学校的早期经历并不是非常令人满意。我对数学的喜爱直到高中后期才发展起来，那时我遇到了一个杰出的微积分老师。正是在这门课上，我决定认真地考虑

做一个数学家,数学的优美和深度也变得极其清晰。我记得我一生中最好的教育经历是阅读函数论方面的东西,我进入大学非常坚定地要追求这个学科作为主攻方向。在马里兰大学,我的教授,特别是霍瓦特(John Horvath)和马克莉(Nelson Markley),在为我指点进入研究生院成长所需的背景方面展现出极大的天赋和耐心。当我进入普林斯顿研究生院时,我相信我已经准备好从那个极其富饶的环境中汲取营养。

进入普林斯顿时,我脑子里确实有一个小小的疑问,我应该请谁来指导我的论文呢?斯坦(E. M. Stein)是一个特别有天分的研究者,而且有非常吸引人的广泛的数学兴趣,作为教师,也具有同等的天赋和魅力。

发展于三角级数的研究的现代调和分析,非常深刻地联系于一些如此吸引人的课题,如集合论和数论、复变函数论、赌博游戏和概率论、实变函数的最基本的概念,例如如何将一个函数分解为较大部分与较小部分。学到这些真是美妙。调和分析与偏微分方程之间的联系——也许自傅里叶(Fourier)的发现开始,就包含在这一理论中——强调了这个重要数学分支的应用方面。我认为这些联系说明了调和分析和一般的数学的一个最吸引人的双重性质:一是它作为优美的艺术形式;二是作为可以适用于人类知识的几乎所有领域的基本应用的最正宗的来源。

我特别感兴趣的是芝加哥大学的考尔德伦(Alberto Calderón)和齐格蒙德(Antoni Zygmund)在调和分析中开创的领域:奇异积分。曾在芝加哥接受过研究生教育的斯坦已经就这个课题写了一本经典教材①,它引导了许多幸福的学生进入这块可爱的分析领域。他强调了一些称为"极大算子"的对象居于中心地位,它们控制了这些奇异积分

---

① 有中译本《奇异积分与函数的可微性》,程民德等译,北京大学出版社,1986年。——译者注

的性态，我全力投入到更好地理解这些极大算子的尝试中。这项研究工作开始之后不久，我离开普林斯顿研究生院来到了芝加哥大学。这个领域的几位数学家表述了几个与将考尔德伦-齐格蒙德理论推广到具有高维奇点集的奇异积分相关的问题。即便是这个推广的最简单的情形在那时也是完全神秘的，这就是乘积理论。这个理论提出的挑战就好比，你身上带了两块表以掌握时间，但这两块表上所显示的时间各不一样而且各自独立。这个状况已然非常复杂了，卡尔森（Lennart Carleson）又给出了一个反例表明，通常的考尔德伦-齐格蒙德并不能直接地推广到这个新的框架下。幸运的是，由于许多人的努力，奇异积分的乘积理论现在已经非常成形了，而且我们很好地理解了它是如何与经典理论相融的。我特别感兴趣的最后一个领域是调和分析对椭圆形方程的应用，特别是当方程中的系数非常粗糙的时候。

　　总而言之，我非常幸运有来自于我的家庭、老师和同事的友好而耐心的支持，这是一个很好的机会跟他们所有人说一声："谢谢你！"

萧荫堂

(Yum-Tong Siu)

多复变函数

哈佛大学,威廉·埃尔伍德·拜尔利(William Elwood Byerly)讲座教授

1943 年我出生于中国,童年在澳门度过,青少年在香港度过。从香港大学本科毕业之后,我来到明尼苏达大学念研究生,1966 年在普林斯顿大学获得博士学位。从 1992 年起,我开始担任哈佛大学的拜尔利讲座教授,并在 1996—1999 年期间担任数学系主任。在 1982 年来到哈佛以前,我曾任教于普渡大学、圣母大学、耶鲁大学和斯坦福大学。

虽然我的数学生涯已逾 42 载,但我小时候从未想过要做一个数学家,因为我最初钟爱的是中国文学,特别是古诗。我进高中以后,因为沉浸于组装收音机,才对科学和数学发生了兴趣。我常常在跳蚤市场淘废旧收音机的各种部件,利用基尔霍夫定律(Kirchhoff's law)对电路图进行简单的修改后,我能成功地将淘来的部件组装在一起,这让我很满足。后来我发现,比起耗费时间的实验过程,我更喜欢理论科学。

数学吸引我是因为它的优美、清晰、逻辑必然性与普遍性。它超越

了语言和文化的隔阂。它以一种完全清晰、毫无疑问的方式提取了自然结构的逻辑共性。

我的数学研究在多元复变函数,是分析学的一个分支,与几何学紧密相关。微积分处理实数变量,代表的是测量。复数变量允许使用虚数,包括-1的平方根。多元复变函数处理不止一个复变量,提供了研究和理解来自于物理学、天文学、工程学以及其他应用科学领域的方程及其解的几何性质的自然平台。

有时人们觉得奇怪,何以一个人会在做这样的基础研究中得到满足,它仅仅受智力上的好奇心与形式上的优美性的指引,而对该研究是否有任何具体的直接应用与回报期限完全不予考虑。数学家认为,对数量的结构、对称性以及空间的真实而深刻地理解将最终导致真正新奇的实际应用,其深刻性与普遍性将远甚于那些从任务导向引发的研究。在现实方面,数学不需要任何昂贵的支出。随着计算机应用的增多,它越来越深入到所有领域的量化方面,但迄今为止,数学的很多领域都与此无关。

回首我的数学生涯,我发现滋养它的一个最关键的因素是令人鼓舞的学术环境。作为研究生,我从与同学的讨论中受益良多。我的导师和楷模,如我的博士论文导师冈宁(Robert Gunning)、卡拉比(Eugene Calabi)、格劳尔特(Hans Grauert)与科恩(Joseph Kohn)明确地塑造了我的研究进程与数学观。

路易斯·尼伦伯格
(Louis Nirenberg)

分析，偏微分方程

阿贝尔奖(2015)

纽约大学库朗数学所，数学教授，前任所长

我从小就喜欢数学。我父亲曾试图教我希伯来语，但被我愚蠢地拒绝了，因此他请了一个朋友给我上私人课程。而他这位朋友喜欢数学谜题，因此每堂课的许多时间都花在谜题上了。在大萧条时期，我去了蒙特利尔上中学。当高中教师在那时被认为是令人满意的工作，因此我有许多优秀的教师，特别是物理教师，他有博士学位。我决定以后学习物理。

在大学我以数学和物理为专业，打算做一个数学物理学家。在第二次世界大战结束时，我毕业了。完全是靠运气，纽约大学的库朗(Richard Courant)提供给我一份助教奖学金去研究生院做数学。我的想法是，在取得硕士学位以后再去研究物理。虽然我一直留在了数学领域，但我对物理学家非常敬仰。

大多数人认为，数学是一个终结了的学科。可是他们并不知道，其实一直不断出现着新的数学进展，而且研究数学非常有趣。

人们问："那需要什么？"当然，天分是有益的，但想要知道某些东西是否正确及其原因的好奇心和坚持（以至于达到固执的程度）也是必需的。对其他许多创造性领域也都是如此。

我的主要工作在偏微分方程，它描述了物理学和经济学以及诸如几何与复分析等数学领域内的许多现象。我的博士论文攻克了一个未解决的几何问题，它需要新的结果以表明某一类偏微分方程的解的存在性与唯一性。得到这样的结果通常需要找到函数及其导数的大小的精确估计，这就引出种种不等式的仔细核验。我必须说我喜欢不等式，而且每当被告知一个新的有趣的不等式时通常都很兴奋。利用偏微分方程去研究来自于数学的其他领域和科学的问题，需要研究这些方程的解的性质，例如，观察这些解是否具有一些有用的对称性。我的一些工作涉及对某类一般的方程建立这种对称性。

我只在或许被称为应用数学的领域写了一篇论文。（通常我并不认为纯粹数学与应用数学之间有差别。）它是关于流体力学的。在这个领域有一个悬疑已久的问题：随着时间的演化，流体力学方程的解是保持光滑还是会出现奇点？我与两个合作者证明了，如果奇点出现，那么其一维测度等于零，比方说，它们不能填充满一条曲线。

我非常乐意与其他人一起做研究，而且我90%的工作都是与人合作完成的。某些数学家主要通过阅读来学习。我总是发现阅读数学文献非常困难：我主要通过听数学家讲述他们的工作来学习。某些数学家发展了新的理论，某些数学家则主要是问题解决者而且在一个给定的问题上做研究。我属于后者，但我对前者非常佩服。

从传统上说，数学问题来源于大自然，主要是物理学。但也有许多问题来源于数学本身。在过去的几十年里，我们看到了数学与物理引人注目的新的相互影响。物理学家提出了新的数学思想，而数学家也在物理学中做出了贡献。此外，常常发现，一个数学分支内的结果在别的分支内也具有深刻的而且通常是惊人的重要性。这一切都让人难以置信地兴奋。

威廉·布劳德
（William Browder）

代数拓扑

普林斯顿大学，数学教授

每当被问及这个问题，为何我们三兄弟都成了数学家？我通常都没有现成的答案。遗传因素是没有的：我父母与数学都不沾边。我母亲有圣彼得堡大学的法学学位，而父亲大部分是靠自学，小学三年级就离开了学校，博览群书，也取得了法学学位。虽然他从未进入律师行业，但在他成功地出任某党领袖多年却被开除之后，这个学位为他对政府施予的各种投诉做辩护非常有用。

我们三兄弟都是书虫，家里有各种类型和水平的书。费利克斯（Felix）是天才少年，从四岁起就能够非常成熟地阅读，并以他的博学和成熟震惊了他各个年级的老师。作为三兄弟中最小的一个，我遇到了许多教过费利克斯和安迪（Andy）的老师，他们因此特别关照和器重我。

我们都在一个适当的水平上下棋，而且很热衷于读报，特别是在第二次世界大战期间。要问我年少时的人生目标是什么，我先后选择了

建筑师（基于对林肯积木和机械积木的爱好）、机械工程师（建造模型）、化学家，最后在原子弹爆炸的兴奋之后是物理学家。正是在 1945 年 8 月的《纽约时报》上我第一次读到了原子和核裂变的描述，并知道了原子数和铀的同位素的质量。之前我曾读过一些科幻小说，但这一次遇到的是一个令人迷惑的现实。

在高中我喜欢物理课和化学课，书中的图片展现出自然界中许多有逻辑而优美的构造。我读了很多科普书，将灵魂出卖给了物理。数学课通常很烦人而且偏重于计算，没有太多美妙的东西，除了学习欧几里得几何的那个学期。

到了麻省理工学院以后，我发现好些令我震惊的事情。首先，我不再是周围最聪明的学生了。我遇见许多更加成熟而且在科学和数学方面很博学的学生。其次，在物理和化学中，有必修的具有重要实验成分的课。在实验室，我总是最笨拙的。

第二年，我听了一门数学物理课，在那里我发现了一个神奇的新现象。某些学生具有一种称为"物理直觉"的东西，可以对问题给出奇妙而精彩的答案，这令教授非常满意但对我而言却毫无意义。同时，这个教授在我选的另一门数学课中又将数学计算以一种非常优美而且富有启发性的方式重新解释。我开始理解到，我的大脑并不适合学物理而更适合学数学。

在普林斯顿研究生院，我发现了代数拓扑的美妙，普林斯顿是世界一流的数学中心。我的导师摩尔（John Moore）建议了一个非常有趣的问题，于是我开始阅读文献。几个月以后，他提议了一个极其优美和有见识的解答。我尝试着研究出该提议的细节，但进展缓慢。恰好在我接受第一份工作之前，他发现这个想法是错误的。我来到了罗切斯特大学，只有一个小结果可以写进论文，在数学系我没有一个同行可以交流。现在回顾起来，这在很大程度上是一件好事。

沮丧了半年之后，我接受了康奈尔大学提供的一个可能有趣得多的职位，并决定坐下来试着写下对这个问题我所能得出的最简单的东西，突然，我发现了这个情形的一个全新方面，我以全部的精力和热情完成了论文。

我得到了一个重要的教训：乐趣在于要有新想法，发现一些从未被人考虑过的东西，以自己的方式得到新结果。我无法接受别人提供的数学建议；因为它不能刺激我。唯有我自己独有的观点能使我的血液奔涌。我也阅读其他人的工作，欣赏它，而且从中受到启示，但只有在我得到自己的观点以后才会取得实质性的进展。这一直是我最大的力量，也是我最大的极限。

在一个"定向研究"的时代，正如许多科学泰斗一样，作为科学家我也会衰退和凋零。正如我跟学生讲的，观点就是一切，而且恰如在写作中一样，要想真正有所贡献，你必须找到你自己的声音。

费利克斯·布劳德
(Felix E. Browder)

泛函分析，偏微分方程

拉特格斯（Rutgers）大学数学教授与前任副校长，芝加哥大学马克斯·梅森（Max Mason）杰出服务荣誉退休数学教授

我 1927 年 7 月出生在俄罗斯莫斯科，在五岁时被带到美国。我的父亲厄尔·布劳德（Earl Browder）是美国一个政党被开除了的领袖。他连小学都没有念完。我祖父是一个失业的小学老师，他在家教导孩子，而我父亲本质上是靠自学。父亲反对第一次世界大战，他是密苏里州堪萨斯城反战风潮的社会领袖。由于反对战争，他在 1917—1920 年被监禁起来。他一生积累了一个藏书过万册的图书馆。

我母亲最初对天文学感兴趣，不过取得的却是圣彼得堡大学的法学学位。这在俄国革命前是非常困难的，因为她是犹太人，而哈尔科夫（Kharkov）是她唯一可以从事律师行业的城市。她成了市长的秘书。我的父母 1926 年在莫斯科相遇，当时我父亲正在访问列宁学校。当时他是共产国际的美国代表之一。

我和我的两个弟弟安德鲁（Andrew）与威廉（William）都是数学

家。而我和弟弟威廉是国家科学院仅有的兄弟院士。我们俩也都担任过美国数学会的主席。在 1970—1980 年的 11 年时间里,我是芝加哥大学的数学系主任。而中间一段时期,威廉与安德鲁分别是普林斯顿大学和布朗大学的数学系主任。我不清楚为何我们都被数学吸引。

1944 年我从扬克斯(Yonkers)高中毕业,然后去了麻省理工学院念数学,1946 年本科毕业。我是普特南竞赛的前五名优胜者之一,这个竞赛是全美本科生的数学竞赛。1946 年,我进入了普林斯顿大学,1948 年我在 20 岁时凭借一篇论述非线性泛函分析及其应用的论文获得博士学位。这个领域与偏微分方程成为我此后 60 年的主要兴趣,特别是从一个巴拿赫空间到其对偶空间的非线性单调算子。

1948—1951 年,我担任麻省理工学院最早的两名摩尔教练(Moore Instructor)之一。在一直持续到 1955 年的没有数学聘职的困难时期,我只有讲师职位,虽然有数学系的推荐,但任何永久或长期的位置都被麻省理工学院拒绝了。1953 年,我获得了古根海姆研究基金。与此同时,我被选派到美国军方。在军队中,我被划分为危险分子,最终还因此接受测试,这终于洗刷了我的清白。1955 年,我离开了军方而成为布兰代斯(Brandeis)大学的助理教员。1956 年,我去了耶鲁大学,在那里我历经了所有的学术阶梯成了教授。1963 年,我来到了芝加哥大学,在那里待了 23 年。1986 年,我从芝加哥大学退休,来到拉特格斯大学担任副校长。1999 年,我获得了数学和计算机科学方面的国家科学奖章。

你也许会好奇,为什么我坐在一个看起来空荡荡的房间里。这是因为我们打算搬进这个新房里。我们想搬家的一个原因是,我需要更大的空间存放我那约 35 000 册图书。这个图书馆有许多不同的科目的藏书,有数学、物理和科学,也有哲学、文学和历史,还有现代政治科学和经济的一些书籍。这是一个内容博大的图书馆。我对所有事情都感兴趣，我的图书馆反映了我的所有兴趣。以数学为职业生涯是我一生中的奇异之处。我认识的数学家当中，对所有事情都感兴趣的非常罕见，一个例外是近来的罗塔(Gian-Carlo Rota)。

安德鲁·布劳德
（Andrew Browder）

泛函分析

布朗大学，荣誉退休数学教授

许多——也许是大多数——数学家从小就知道，数学是世界上最有趣的事情，而且难以想象去做其他事情。不过我是一个例外。

1955 年春，当《朝鲜停战协定》仍然有效时，艾森豪威尔（Eisenhower）总统决定裁军。一个举措是，任何将要就读于研究生院的士兵可获准提前三个月退役。我当时是迪克斯堡的列兵，正期待着过平民的生活。我第一次申请了研究生院，而且很幸运地被麻省理工学院录取了。说实话，我并没有打算在学校待很久，然而让我感到奇怪的是，我发现自己对数学越来越有兴趣了。

很多年以前，当我自称数学家时，我设法证明了一些定理。我发现所有这些定理都非常有趣，其他一些定理也是如此。我写了两本书，很多人说它们很有价值。我教了不止 100 门课程，有些我认为有趣而且享受，有些则非常令人沮丧，大多数介于两者之间。学生也有类似的体会。我在伯克利担任了几年的米勒研究员（Miller Fellow），在丹麦的

奥胡斯(Aarhus)待了几年,都很愉快。总而言之,这是一段精彩的经历。你可以说所有这一切都要感谢美国陆军,当然还有《退伍军人法》。

有人视数学为科学,有人视之为艺术;对另一些人而言,它只是一项体育运动。我的主要运动是下棋。我六岁时父亲教我下棋,十一二岁时家里的一个朋友送给我一本下棋的书,之后我就被迷住了。我从未吸收任何正宗的技巧,虽然我曾一度是布朗大学的冠军并且与最高段的棋手对弈有50%的胜率(在同一个表演赛上,我参加了两次,与最高段的棋手对弈,每一次都打了个平手)。每隔十多年,我就会发瘾,花过多的时间下棋并重新参加职业比赛。一年多以后,狂热才会过去。最终治愈了我的棋瘾的是计算机程序的出现,它总是可以轻易地击败我。有一段时间我转向了围棋。围棋的规则很简单,但非常困难;据我所知,计算机编程下棋的水平比初段高明不了多少。在21年以前布朗数学系出现围棋热的短暂时期,我的水平勉强比那略高一点。

对于许多问题,我喜欢维特根斯坦(Ludwig Wittgenstein)的一句话:

> Wovon man nicht sprechen kann, darüber muß man schweigen.

翻译成英文就是"Whereof one cannot speak, thereof one must be silent."[①]

[①]　中译文:凡是我们不能言说的,对之必须保持缄默。本句翻译取自蔡天新《难以企及的人物:数学天空中的群星闪耀》第235页,广西师范大学出版社,2009年。也许我们可以仿照诗人王维的名句"行到水穷处,坐看云起时"给出如下翻译:"无以言表处,缄默不语时。"——译者注

凯瑟琳·莫拉韦茨
(Cathleen Synge Morawetz)

偏微分方程,流体

纽约大学库朗数学所,退休教授,前任所长

我的一个女儿跟我说,做数学家的问题是,你总是将所有的时间都投入到取得某种成就,即证明定理中。那是没有止境的。像其他人一样,你与自己做斗争,而这赋予生活特殊的魅力。

在我年轻时,没有多少女性想尝试做数学。然而对我而言,在某种意义下,这就是我自然的职业。我的父亲辛格(John L. Synge)是一个辗转于爱尔兰和加拿大的数学家,他先后担任都柏林大学和多伦多大学的数学教师,因此我常常听到关于他谈论数学。我父母的大致看法是,虽然我非常聪明,但不适合学数学。他们认为我太喜欢幻想了。我父亲也担心家里新添一个数学同伴的问题,因此我并没有受到特别的鼓励。高中时我遇到一个数学老师,他比一般的数学老师都要学识丰富。他在放学后组织了一个讲习班以帮助学生获得进入大学的奖学金,但现在回想起来,我相信,他之所以这么做主要是为了我。最终,我赢得了进入多伦多大学的一笔非常好的奖学金。为此,我必须在多伦

多大学参与数学、物理、化学的一个学习计划。我参加了这个计划,但遇到了困难。大概两年以后,我非常厌倦了,但还是坚持到第三年。这是在战争期间,到处都不安宁。我有一个当海军的男朋友,因此我决定为战争做点事情。我最终来到了魁北克附近的弹道学试验场工作。我对自己很满意,而且发现我真的喜欢检测东西。之后我回到大学完成了最后一年的学业。然后我邂逅了克里格(Cecilia Krieger),一个我已认识了好些年的数学家。她问我毕业之后的打算,我告诉她计划去印度当教师。她很吃惊,并跟我讲应该去研究生院念书。我说不知道怎么去研究生院,她立即帮我安排让我得到了一笔奖学金。因为加州理工学院不接受女生,我来到了麻省理工学院。在电子工程方面的短暂努力之后,我在麻省理工学院获得了数学方面的硕士学位。我还与赫伯特·莫拉韦茨(Herbert Morawetz)结了婚,我们在多伦多相遇。他当时已经搬迁到新泽西,因此我去纽约找工作。通过父亲的关系,我见到了纽约大学的库朗(Richard Courant),他雇我来焊接早期计算机的电子线路,但我却负责编辑了他与弗里德里克斯(K. O. Friedrichs)合著的关于可压缩流的书[①]。

在纽约大学我修了更多的数学课程,由衷地喜欢上这个学科以及那里的学习氛围。那时我仍然对有应用的东西更感兴趣,例如超音速气流。飞机的飞行与之有关。声速是一个局部现象,而且依赖于压强。当气流的速度达到超音速时——即局部的速度超过声速时,非常有可能发出气泡声,而在其他情况则是亚音速。亚音速气流非常平滑,而超音速气流则可能产生冲击波,这会损坏机翼。在20世纪50年代,人们非常好奇,是否必定会有冲击波出现。我设法解决了其中的一些问题。那是一个有实际应用的定理。我也研究无碰撞震动,它潜伏于热核反应,但真实出现于太空与太阳系中。"无碰撞"意味着分子在撞击前走

---

① 该书有中译本,《超声速流与冲击波》,李维新等译,科学出版社,1986年。——译者注

了很远的距离。通常的想法是,这个震动是一个平滑的移动,它的宽度至少接近于分子的平均自由程。如果碰撞在非常遥远的两部分之间发生,你怎么能得到一个类似于间断性的东西呢?对那个问题我研究了许多年。

　　从 1951 年到 1960 年,库朗慨允我不必全职工作,于是我能够有时间抚养四个孩子。我经常被告诫说,如果我不好好教育,他们有可能变坏,然而事实恰好相反。

彼得·拉克斯
(Peter David Lax)

偏微分方程

沃尔夫数学奖(1987 年),阿贝尔奖(2005 年)

纽约大学库朗数学所,数学教授

    像大多数数学家一样,我很早就被数学吸引,大约在十岁吧。我很幸运,我的叔叔可以解释那些使我感到迷惑的东西。匈牙利有很悠久的数学传统,可以追溯到 19 世纪早期的匈牙利天才波尔约(John Bolyai)对非欧几何的划时代发现。面向高中生的一份数学刊物和竞赛,有助于尽早地识别有天赋的年轻人,他们也得到了精心的培养。我曾由路莎·彼得(Rózsa Péter)指导,她是一位杰出的逻辑学家和教育家。她的数学科普书《无穷的玩艺:数学的探索与旅行》①,对大众来说仍然是关于这个学科的最好介绍。

    1941 年,我和家人坐着从里斯本出发的最后一班轮船来到了美国。那年我 15 岁。我的指导老师写信给定居美国的匈牙利数学家,请

---

① 有中译本,朱梧槚,袁相碗,郑毓信译,大连理工大学出版社,2008 年。——译者注

求他们对我的教育予以关注。我完成了高中,并进入了纽约大学,在库朗(Richard Courant)的指导下学习,他在培养年轻人的天赋方面富有名声。这是我曾做出的最好的选择。

18 岁时我被选派进美国陆军。在一些基本的训练和得州农机大学为期半年的工程学习之后,我被派往洛斯·阿拉莫斯参加一部分曼哈顿计划。这就像一部活生生的科幻小说。一到那里,我就被告知,整个群体在狂热地利用钚来制造原子弹。钚在大自然中不是天然存在的,而是靠在华盛顿汉福德的原子反应堆人工合成。原子弹结束了战争。无论怎么衡量,这都是一切时代中最工程浩大的科学事业,领头人是一些魅力超凡的科学领袖。洛斯·阿拉莫斯,这个绝密的香格里拉,坐落在一座高高的平顶山上,周围被美丽得不可思议的小山环抱,不多远处就有美洲古印第安人的洞穴。

在洛斯·阿拉莫斯待了一年后,我被遣散回纽约大学完成学业,1949 年拿到了博士学位。之后我又回到洛斯·阿拉莫斯待了一年,并在那里作为顾问先后度过了许多假期。参与一个大的科学群体的部分工作这个经历,决定性地影响了我对数学的观点,科学计算这一学科的新兴也是如此,这是由洛斯·阿拉莫斯所引领的。1950 年,我成为纽约大学数学系的初级教员。我在那里待了 50 年,沉浸在库朗研究所的非竞争性的和谐氛围中。

数学有时被拿来与音乐类比,但我觉得与绘画类比更好。在绘画时,在描述自然对象的形状、颜色、纹理与在帆布上勾勒出一幅漂亮的图案之间存在创造性张力。类似地,在数学中,在分析自然定律与构造优美的逻辑模式之间也存在创造性张力。

我所做的大部分工作源于物理学建议的一些问题,例如声波的传播,它们被散射的方式,流体中短波的形成和传播。但是其数学必须要优美。这些问题中有许多都引出了纯数学中的有趣问题。

　　数学家形成了一个紧密结合的全球性的群体。即便是在冷战时期，美国和苏联的科学家彼此仍保持着最真诚的友谊。这个友谊是数学界的一大乐事，而且应该作为世界上其他人群的一个榜样。

阿兰·孔涅
(Alain Connes)

非交换几何

菲尔兹奖(1982 年)

法兰西学院、法国高等科学研究所、俄亥俄州立大学,数学教授

我认为数学是大脑用来创造概念的一种方式。在许多方面,数学发挥着与哲学同样的作用:创造一些可以用于现实世界的概念。这些概念的发展和现实应用需要时间,但真正的工厂是数学。数学的概念与几何形状和抽象的东西有关,比数字更为微妙和多样化。这也许是一般大众所不了解的。数学家只在需要的时候应用数字。也许有人说,能量的概念源于物理,但其实它源于数学。数学是将抽象思想蒸馏的终极语言,如此,这些思想可以变得非常精确,而且可以应用于不同的领域。同时,数学也非常困难,因为它非常顽抗。它是一种非常顽固的现实;你不能为所欲为。数学是令人畏惧的。但我们不应该被吓倒。格罗滕迪克(Alexander Grothendieck)曾有一个绝妙的说法:"畏惧犯错就等于畏惧真理。"

朋友小孩的一个故事非常清晰地说明了数学的本质。在五岁时,

他与他的父亲一起在海滩漫步。他三岁时曾大病一场,因此父亲对他的健康非常担忧。小孩在沙滩上静坐了一个小时,脸色惨白。父亲忧心忡忡。他来到父亲身边说:"爸爸,没有最大的数。"父亲并非数学家,对此很惊讶。父亲问道:"你是怎么知道的?"孩子给了他一个证明。我们听过许多无意义的说法,谈论小孩学习如何用手指学数数。这里有一个故事,一个五岁的小孩以他自己的方式,从脑海里而不是课本上,发现了一个真正的数学事实。他靠纯粹的思考发现并证明了它。这就是数学的本质。当然存在着传统,流传着许多书,记载着一些我们知道是不会消失的东西,因为它们有证明。另一方面,数学是一种你可以直接接触而无需任何中介工具的东西。这是数学最显著的特征。独自一人你仍然可以思考数学。你没有必要做当前很重要的数学,因为那样的话你必须阅读最新的文献。我并不是说你应该孤立地做研究。如果那样,你就无法取得进展。我想说的是,当你真正开始要做一个数学家时,关键的一步是要认识到,在某个时刻你必须停止念书了。你必须自己思考。你必须成为自己的权威。不再有你需要求助的其他权威了。在那一刻你必须认识到,一个东西是否写进书本并不重要。更重要的是,你是否有一个证明以及你是否确信它。其他的都不重要。而这一切都可以很早地发生在一个孩子身上。

　　至于我的工作和论文,你知道通常的几何观点来自于笛卡儿,这里有坐标等。但也存在一些更复杂的空间,在那里你不仅需要考察其中的点,还需要考察点与点之间的关系。这些新的集合,带有关系的集合,可以用代数来描述,但这些代数是非交换的。这由物理学家首先发现,而且可以非常简单地解释。当你书写单词时,你需要注意字母的次序。一次我收到一个朋友发来的电子邮件,但我不能理解,因为有四个地方我不能确定其含义。过了好久以后我才意识到,这原来是我的名字,只不过换了另一种次序排列。当你对普通的数或普通代数实行运算时,你可以交换次序。例如,你写3×5跟写5×3结果是一样的。在物理学中发现，对微观体系并非如此。你必须更加仔细，更加注意。我在学位论文中发现的是，如果你考察代数时注意次序，那么时间就自然出现了。时间从这个非交换性——你关注字母次序的事实——中出现。这引出了我关于因子分类的工作。在这方面工作十年之后，我全面地发展了一门新的几何学，称为"非交换几何"，在其中细化了通常的几何思想并将它应用于新的空间。这些新的空间具有惊人的特征：可以生成它们本身的时间。它们不仅生成了自己的时间，而且你可以将它们降温或升温，也即是说，你可以在其中研究热力学。与这些新空间相关的是几何与代数的一个全新的部分，所谓的非交换几何，本质上我一生都在为此工作。

伊斯拉埃尔·盖尔范德
(Israel Moiseevich Gelfand)

群表示,分析

沃尔夫数学奖(1978 年)

拉特格斯大学,数学系兼职教授[1]

我不认为自己是先知,我只是一个学生。在我的一生中,我曾经师从于像欧拉和高斯那样的伟大数学家、比我年长或年轻的同事、我的朋友和合作者,最重要的是师从于我的学生。这就是我持续工作的方式。

许多人认为数学是一门很枯燥很形式化的科学。然而,在数学中,任何真正好的工作总是具有它优美、简单、精确和不可思议的思想。这是一种奇异的组合。在很早的时候我就从古典音乐和诗歌的例子中理解到这个组合是本质的。而这在数学中也是典型的。很多数学家欣赏正经的音乐也许不是偶然。

当我们想到音乐的时候,我们并不像通常在数学中那样将它分成

---

[1]　这里指盖尔范德身兼拉特格斯大学以及莫斯科国立大学两所大学的教职。——译者注。

一些特殊的领域。如果你问一个作曲家他的职业是什么,他会回答说:"我是作曲家。"他不大可能回答说:"我是四重奏的作曲家。"也许这就是当我被问及我做哪一种数学时,我只是简单地答复"我是数学家"的原因。我想提醒你,当音乐风格在 20 世纪发生改变时,许多人说现代音乐缺少和谐,没有遵循标准规则,有不和谐音等。但是,勋伯格(Schoenberg)、斯特拉文斯基(Stravinsky)、肖斯塔科维奇(Shostakovich)和施尼特凯(Schnittke)在他们的音乐中像巴赫、莫扎特、贝多芬一样得精确。

1930 年,年轻的物理学家泡利(Wolfgang Pauli)写了一本最好的关于量子力学的书。在这本书的最后一章,泡利讨论了狄拉克方程(Dirac equation)。他写道,狄拉克方程有瑕疵,因为它导致了不可能的、甚至是疯狂的结论:

1. 方程将预言,除了电子之外,还存在带正电荷的电子,即正电子,但没有人观测到它。

2. 而且,电子遇到正电子时的行为很奇异:它们两个将湮没并形成两个光子。

而且完全不可思议的是:

3. 两个光子可以变成一个正、负电子对。

泡利写道,虽然如此,狄拉克方程还是非常有趣,特别是狄拉克矩阵值得注意。我很幸运地见到了伟大的狄拉克(Paul Dirac),我们在匈牙利一起度过了几天。我从他那里学到很多。我问狄拉克:"保罗,既然有这些批评,为什么你没有放弃你的方程而是继续追求你的结果?"

"因为它们很美妙①。"

现在，数学的基本语言中有根本性的改革。在这个时候，尤其重要的是，要记住数学的统一性，记住它优美、简单、精确和不可思议的思想。

注记：以上文字取自盖尔范德的演讲"Mathematics as an Adequate Language"的引言部分，收入 Pavel Etingof，Vladimir Retakh，I. M. Singer 主编的 Progress in Mathematics 丛书 244 号 *The Unity of Mathematics: in honor of the ninetieth birthday of I. M. Gel'fand*（Birkhauser-Boston，2004）一书第 14 页。

---

① 无独有偶，1954 年杨振宁与米尔斯（Robert Mills）一起提出后来发展为规范理论的杨（振宁）-米尔斯（Yang-Mills）方程时，也遭到了泡利的反对，而且杨振宁与米尔斯也同样是基于美妙的理由发表了他们的工作。见杨振宁，*Selected Papers 1945 - 1980 with Commentary*（W. H. Freeman and Company，1983）一书第 19—21 页或江才健《规范与对称之美——杨振宁传》（台北，天下远见，2002 年；广州，广东经济出版社，2011 年）第九章的叙述。——译者注

沃恩·琼斯
(Vaughan Frederick Randal Jones)

冯·诺伊曼代数(von Neumann algebra),几何拓扑

菲尔兹奖(1990 年)

加州大学伯克利分校,数学教授

我在新西兰长大,是两个孩子当中的一个,我的家庭没有任何学术渊源。我的父亲曾短暂地学过法律,但被第二次世界大战打断了,他再也没有回来学习。我确实记得我母亲数学好,而我在很小的年纪就渴望学习算术。我记得当我因为不乖而被送回房间时,我自己制作了乘法表。

我所接受的正规教育在新西兰是很平常的,那时的学校质量非常高,17 岁时我开始在奥克兰大学学习数学和物理。我真正的冲动开始于获得硕士学位以后,那时我想做一些研究。我为此非常兴奋,与上课的感觉——我觉得非常烦人——完全相反,当时我做的研究属于数学的那种边缘领域,但令人惊奇的是,有好多思想在我现在的更加主流的数学研究中非常有用。虽然我错过了通常的留学国外的奖学金,但瑞士政府挽救了我的研究生涯,提供给我一笔奖学金赴瑞士学习。录取

通知还提供了一个诱人条件：在开始科学研究之前，先去瑞士阿尔卑斯山学习 3 个月的法语。此后我在日内瓦待了 6 年，并且后来又多次访问那里。在阿尔卑斯滑雪时我邂逅了我的妻子。

我的博士论文留下了与导师黑夫利格尔（André Haefliger）和孔涅（Alain Connes）接触的印记，他们的工作让我大吃一惊。我只需要沿着这个方向贡献一点，我掌握了孔涅毕生之作的很小一部分，并取得了一点点进展。但是，直到一年多以后，我才自己想到并做出一些真正原创性的东西。我很幸运是因为，虽然我的结果——以"子因子的指标定理"著称——看起来非常专门化，但在接下来的几年里显示出，它与数学和物理的许多不同领域都有联系。也许影响最大的是在纽结理论中。

如何决定两个封闭的纽结本质上是相同的，这是一个困难的问题，在 20 世纪初才给出第一个严格的解答。子因子的指标定理引导我发现了从子因子计算出一个多项式的方法，一个从纽结的图计算多项式的方法。而这个多项式在量子场论、数学生物学（DNA 纽结）和量子计算等多个领域中都非常有用。这个多项式背后的数学比较容易，但它的深刻含义仍然有几分神秘。目前仍然不知道如何以一种满意的方式将它与其他研究纽结的更几何的方法联系起来。

不做数学时，我喜欢做体育运动，包括高尔夫、壁球、回力网球、网球和滑雪。我在新西兰成长时经常玩橄榄球和板球，现在仍然喜欢观看橄榄球比赛。但最近 15 年里，我最主要的体育爱好是风帆冲浪，更近的则是风筝冲浪，我发现这对我老化的关节来说容易承受一些。在与我学术生涯的奇妙联系中，我遇到了许多与这些体育项目和一般的航海相关的打结问题。我也许是唯一的风筝冲浪者，在连接线与风筝时其实是用辫群及其逆来思考的。

音乐是我的另一个爱好。我喜欢唱歌，而且我的三个孩子全都投身于音乐。在数学和音乐中有许多共同的成分。我的生活中依旧充满了它的许多不同侧面的惊人联系，而且我期望会有更多的惊喜。

斯里尼瓦萨·瓦拉德汉

（Sathamangalam Rangaiyengar
Srinivasa Varadhan）

概率，应用数学

阿贝尔奖（2007 年）

纽约大学库朗数学所，数学教授

在我年少时，我这一代的大多数印度少年所梦想的职业是医生、工程师或公务员。我最初的愿望是做一名医生。十岁时我参加了当地一所医学院的大学报考咨询会，我的梦想突然改变了。人体各个部分的解剖展览是如此地令我难受，于是我做了一个更容易接受的选择，转向了工程学。在小学我的数学一直很好。虽然这只是意味着我能够快速准确地做四则运算，但这从某种角度暗示了我适合学工程！

在高中我遇到一个非常卓越的数学老师，他改变了我对这个科目的看法。他让我们一小拨尖子生相信，数学与棋类游戏没有太大差别。小时候我就很擅长下棋，三岁时我就从母亲那里学会了下棋。下棋有一些需要遵循的规则，而你是为了达到特定的目标而移子。就像下棋或解谜题一样，数学可以很有趣！

我仍然不清楚以数学研究为职业意味着什么。你可以在高中或大

学的水平上教授数学。中学的物理、化学、生物课程中向我们介绍了现代科学的发现和研究,但数学课程中却没有相当的内容。在我进入本科学习时,我选择了统计学作为专业,因为它与数学足够接近,同时提供了一个进入工厂工作的前景。我的父亲是中学校长,幸运的是他非常开明,不反对我在医生、工程师、公务员之外做出选择。我在研究生院继续念统计专业,但毕业后仍然不清楚自己究竟想要做的是什么。但我非常幸运地结识了一些研究生同学,他们非常清楚他们在做什么,并将我领进现代数学的美妙世界!我被迷住了。

我在美国度过了我的全部职业生涯,我非常开心。对我来说,获得想法的一个重要来源渠道是与其他人的交流。研究一个数学问题与拼凑一个复杂的结构或拼图相差无几。你可以很快地找出大多数零部件,而将问题化简为找出一两个关键的零部件,它们是必需的,但也许是不能立即找到的!找出最后一个关键的零部件也许需要成年累月甚至一生的时间,而当你找到它时——也许是因为倾听不同领域的某个人讲话而引出的火花,问题就解决了。这种满足感是无以言表的。

玛丽-弗朗斯·维涅拉斯

（Marie-France Vigneras）

代数数论，朗兰兹纲领（Langlands program）

巴黎数学研究所，数学教授

    我在塞内加尔长大。我提到它只是因为多年以后我获得了一个奖，由于证明了"听音不足以辨鼓"：从数学上说就是，存在不同的鼓，但其音频是不可分辨的。这个问题是在我 1977 年参加美国加州的一个会议时提出来的，这让我想起了童年在非洲度过的那些夜晚，当我听到屋子外面的塞内加尔人击鼓跳舞时，我曾努力尝试从鼓声中听出演奏的乐器来。

    像这样绝妙的巧合通常会引发出定理。当你躺在床上休息或在听演讲听音乐会时，当忧虑、教学、家务与压力一切皆空时，想法突然出现了。想象你漫步于一个丛林中。你陶醉于美丽的大自然和舒适的天气，但天色在变暗，你必须要离开丛林了。你尝试一条小路，但很快就走不通了。你返回来继续尝试另一条；但看起来也是死胡同，而天色更暗了。你停止了游走，保持不动。你久久等待，聚精会神地在黑暗与寂静中感受光明与声响。突然，某个方向变得更加明亮了。享受这种令

人愉快的时刻正是我选择做数学家的原因。你必须非常专注。因为错误很容易溜进来。作为数学家,我们也玩小把戏,也臆想,但我们绝不行骗。在数学中你不能行骗。以一个证明给出问题的解是令人兴奋的,也是有价值的,因为它从此以后都为真了。

我成为一个数学家是靠运气〔始于达喀尔的一个好老师达蒙(Damon),以及当时法国卓越的教育〕。我过着简单的生活。每年我教四个月的书,剩下的时间用来研究数学。教学和研究我都喜欢。数学是我生命中最深刻的事情,而且它对我影响很大。我感觉我不同于——比方说——我的邻居,但与史学家、作家、诗人和画家差别不大。

米歇尔·韦尔涅
（Michèle Vergne）

群表示，微分几何

法国国家科学研究中心，研究部主任

在作为数学家的一生中，我都做了什么呢？我可以浏览我发表著作的清单并讨论一些以前的结果。然而，谈论过去没有意义。如果我现在不能证明一些新的东西，那么我此前做的工作就一文不值。因此，我在此日复一日地追寻着无止境的目标。

我在努力去"理解"。我不是在尽力去发现新的东西，而是去理解某些结果何以正确的"本质原因"。我回到了源头，试图找出一切公式的起源。其他数学家的一些新思想和新结果是令人烦恼的。我非常渴望能够证明，存在一个简单的原因，它能解释为何"一切结果"都是正确的（至少在我年轻时是那样的狂妄自大）。

有时我成功地找到了一个结果之所以成立的"更深刻的原因"，它也许源于我从前工作中的一个想法，于是在我面前展现出一马平川，驱使我去做点什么。为何理解幂零群的普兰切尔公式（Plancherel formula）如此容易，而理解既约群的普兰切尔公式如此困难？这个问题我困惑

很久了。

突然，从内心传来一个声音告诉我并没有那么困难。这个声音继续给我下达命令："只要将各项相加并应用泊松公式（Poisson formula）。"这个隐身的主角消失于幕后，将所有的工作留给了我。真是绝妙的奇迹，我见到了光，这个工作很容易做。我像被施了魔法一样。这个结果成为我知道的另一个事实的逻辑推论，在这个闪电战中，我可以将数学的一小部分兼并到"我的领地"中。但是，这个闪现的满足感随即又消失了，因为我意识到存在更加深刻的情形，那是我的洞察所无法解释的：我对既约群"解释了"哈里什-钱德拉（Harish-Chandra）的普兰切尔测度，那么对称空间的普兰切尔测度又如何呢？对于这个更一般的情形，我的新思想完全无用。我无法证明这一点，因此我前面证明的也没有价值。

对于长期以来困扰着我的一个问题，今天我终于看到了一线曙光。它是这样一个断言：几何量子化与辛约化可交换。这是吉耶曼（Victor Guillemin）与斯滕伯格（Shlomo Sternberg）的一个优美猜想，它必然是对的，但一般情形下很难证明。我能够证明一个非常容易的情形。十年前，另一个数学家利用"剜补术"（surgery，一个数学术语）证明了一个更加困难的情形①。对我来说，这个利用分割的方法很丑。我宁可用我自己的方法来证明这个猜想。在发现完整证明很久以后，我以所有可能的方式重新组织自己的论证。如果我不停地反复试探，困难一定会消失。然而，困难依旧存在。这些无休止的失败尝试给我留下一块创伤。我确实仍然希望找到真正的困难在哪里，就在今天，我感觉我找到了困难隐藏之处的一个很小的突破口。我认为很容易拿下。那样的话，也许我将能够以一种非常一般的方式表述和证明这个定理。

---

① 韦尔涅这里所指的数学家是完整证明了吉耶曼-斯滕伯格几何量子化猜想的迈因伦肯（Eckhard Meinrenken）。中国数学家田有亮和张伟平对此猜想给了一个优美的解析证明。——译者注

确实,为此我需要其他人的一些思想,但就在最近,我利用我的学生的一个漂亮想法解释了一个非常类似的现象。我相信它也可以用来理解这个情形。总之,我明天将奋力一搏[①]。

[①]　参见韦尔涅与迪弗洛(Michel Duflo)2011 年联合发表的一篇不足七页的论文：Kirillov's formula and Guillemin-Sternberg conjecture.——译者注

罗伯特·朗兰兹
（Robert Phelan Langlands）

自守形式，群表示

沃尔夫数学奖（1995/1996 年），阿贝尔奖（2018 年）

普林斯顿高等研究所，荣誉退休赫尔曼·外尔（Hermann Weyl）讲座教授

虽然目前有很多职业要求从职人员具有高等数学中的许多技巧和训练，但数学本身通常被认为是一个过分讲究的职业，它要求奇异的才能与性格。我的性格除了对孤独有一定的忍耐力，甚至是对此有偏爱以外，看起来一直是极为平常的。小时候我比同学更擅长于算术计算，但我的几何直觉并不突出，而且我从不为谜题和智力游戏所吸引。我对孤独的忍耐也许是在少有人陪伴的童年养成的，那时只有我跟母亲和妹妹——先是一个后来是两个——一起住在加拿大西海岸的一个小村落。当我要上学时，全家搬回到一个带教会学校的人口密集区。我在阅读和算术方面有明显的天赋，作为鼓励，学校的修女让我跳了一级。

后来，我发现班上的同学比我大好几岁，而且他们都没有学术愿望。这些男孩可以在灌木丛林中做采运工，回到家总是有钱和余暇挥

霍。我太小了还不适合做那种体力活,但我开始在礼拜天和暑假打工——但不是采运,一直到 20 岁我成为一个研究生时。那时候还没有机械帮忙,所以不论多重的东西都是用手搬。作为青少年,长时间的体力劳动意味着我的身体完全可以承受任何一个要求长期静坐的职业。首要的是,勤奋和孤独这两个作为数学家最好时光的条件,在很早的时候就成了我的常伴。

我之所以决定上大学,是因为我重新发现了自己对阅读的热爱。20世纪 30 年代的社会群体所认为的一些重要思想家的简短传记我手边都有了:爱因斯坦、弗洛伊德、马克思、达尔文以及赫顿(James Hutton)。当然,我一直保留着一种想要成为名人的野心和欲望,而那种欲望并不关乎特别的才能或技巧。然而,我的确在基础算术和逻辑方面有一定的才能,我立即发现了对各种辩证思维的真正热情。这些学者和科学家的传记给我揭示了一种陌生而意想不到的可能性。我选择在数学和甚至更为迷人的物理学中历险。最后发现,作为物理学家,我极度的无能。我为自然现象的数学解释所着迷,很小心地核验其逻辑,但对现象本身却缺乏眼光,因此我偏离了关键点。在数学中,我也经常偏离主题,但从来都不是不可挽回的。

作为本科生,我主要忙于获取基本的数学技巧。只是在我到耶鲁大学念博士时,我才开始不间断地思考数学。自耶鲁毕业之后的最初几年,我以三位数学家为模范:哈里什-钱德拉(Harish-Chandra)、格罗滕迪克(Alexander Grothendieck)和柯尔莫戈洛夫(A. N. Kolmogorov)。对格罗滕迪克和柯尔莫戈洛夫,我更多的是一种对其目标的敬仰而不是对其成就的一个全面理解。哈里什-钱德拉和格罗滕迪克都投身于理论的构建。他们有一个共同的品质,这在数学家中极为罕见,并且值得毫无条件地尊重。不满足于部分的洞察和部分的解,他们坚持——不只是仅仅停留在决心或训诫的口头形式上,而且是躬亲示范于实际工作中——适合于构建理论的方法必须设计得具有完全自然的一般性。哈里什-钱德拉的高超技术能力在一个称之为无限维表示的新奇领域内得到了展现。我自己很早时摸索到了这个领域，一段时间以后，当我承认达到自己的能力极限时，我信服了，任何有价值的数学必须要在他所奠定的水平上起步。格罗滕迪克则完全重新塑造了一个更加成熟的领域——代数几何，在过去两百多年里，一些非常伟大的数学家对这个领域的发展做出了贡献。我欣赏他与哈里什-钱德拉共有的品质，但是直到后来我的数学活动需要一个更富反思、更加历史化的气息时，我才开始懂得了他对几何学的重新表述的广度和深度。

　　我取得的成就大多是靠机遇。我曾徒劳无功地思考过许多问题。对其他问题，有偶然的灵感——事实上，其中一些直到今天都令我震惊。当然，最美妙的时光是在我只有数学相伴时：没有野心，无需伪装，忘怀天地。

让-皮埃尔·塞尔
(Jean-Pierre Serre)

代数,几何,数论,拓扑

菲尔兹奖(1954 年),沃尔夫数学奖(2000 年),阿贝尔奖(2003 年)

法兰西学院,名誉教授

思考数学时我更喜欢闭上眼睛。我最好的工作是在夜晚半睡眠的状态下完成的。有时候我在睡觉时想:"嗯,我有一个引理要证明或否定。"(我要解释一下引理是什么吗? 登山者从一级上到更高的一级需要登山杖,而引理就是数学家的登山杖。)当然如果打算以后发表,你需要将东西写下来。有时你会发现你所想的是错的,但那是少有的。

我的博士论文就是一个典型的例子。其中有看似简单但非常有力的新思想("环路空间的纤维化",躺在夜行中的火车上想到的)。这个基本的思想还不够:在某个技术部分需要一个非常困难的引理。只有当我闭着眼睛平躺在床上时,我才能够看到证明。三天后,我清晰地理解了它,于是能够写下来,而我的博士论文本质上就这样完成了。

那时我在数学的一个称为拓扑学的分支内做研究。两年后我开始研究其他东西:多复变函数[我的博士论文导师嘉当(Henri Cartan)

的最爱]。这没有持续多久。一年以后，我为代数几何所吸引，然后是数论、群论等。最终的结果是，即便到了今天，我仍然不是任何领域内的专家。

我觉得需要告诉你我在过去 50 年里提出的一些猜想。猜想是什么？是那些你无法证明、但你期望是正确同时又有趣的东西。我提出了不少猜想，包括我在 30 岁之前提出的，后来被证明是完全错误的一些猜想。其中几个猜想被许多人研究过许多。其中有伽罗瓦上同调（Galois cohomology）中所谓的"猜想 I"和"猜想 II"。猜想 I 现在是一个定理（在我提出之后的三年内被证明）。对于猜想 II，在 45 年之后仍然是公开问题，但许多特殊情形已经被证明了。在其他情形可能被证明是错误的吗？我不这么认为，但我真正期望的是，能够确定出：它究竟是对还是错！

如果你上网搜索"塞尔猜想（Serre's conjecture）"，那么你可能会发现我在 20 世纪 70 年代早期提出（并在 20 世纪 80 年代中期将之精细化）的另一个关于伽罗瓦表示（Galois representation）的猜想。它之所以变得非常普及有两个理由：它与费马大定理相关（不好的理由）；它是证明"特征 p 情形下的朗兰兹纲领（Langlands program）"的第一步（好的理由）。它看起来遥不可及，直到大约 5 年前，突然有人提出了一个聪明的想法并解决了一大部分。现在，在其他几个人的帮助下，这个猜想看来已经被攻克了：它已经成为一个定理！事实上，几周以后我将参加马赛附近的一个为期两周的会议，会上我将会概述和解释这个证明（即便是两周时间也不够给出完整的细节）。

在我（以精细化的形式）提出这个猜想时，我曾决定将它在我熟悉的框架下写出来，这样可以比较容易地向读者解释。但在一个更高的水平上，我知道应该以另一种不同的方式表述。这两种方式当然是相似的，但并非先验地等价。我有意想要把东西写得更"容易"为人理解，但潜意识里我知道这并不是"正确的方式"，两者之间存在着冲突。这个冲突困扰着我,令我很不安。甚至曾有一个可怕的夜晚,我有这样的印象,我的大脑分裂成两部分,彼此在打架,整个大脑在无休止地眩晕。然后,一个月之后,我找到一个例子表明这两个观点并不等价,而我所选择的那一个并不正确。但我也看到,在所有有趣的情形,这两个观点是等价的。奇妙的是,发现这个"反例"令我不可思议地喜悦:我大脑的两部分妥协言和了。一个快乐的结局。

阿德比西·阿布拉

(Adebisi Agboola)

数论,代数几何

加州大学圣芭芭拉分校,数学教授

与我知道的许多其他数学家不同,小时候我并不为数学着迷。我觉得它无趣、令人疑惑、困难。虽然我对学校的大多数课都感兴趣而且擅长,但对数学没有丝毫兴趣——虽然常常被父母和老师告知学好数学是如何如何重要,但有好多年我的数学考试几乎都无一例外得不及格。我记得小时候我是如此地讨厌数学,以至于有一次我下决心要找出一个与数学毫无关系的职业。我的父母自然非常怀疑这一点,当我满以为胜利地宣称"伐木工人"时,他们告诉我这个也不行,因为那需要测量木材。

在我 12 岁左右时,这个情况完全改变了,那是因为我在学校图书馆邂逅了生命科学丛书(由时代-生命国际出版)中的一本书《数学》,作者是贝尔加米(David Bergamini)。这与我之前见到的其他数学书不同。它本质上叙述了一些主要数学思想的历史,从巴比伦时代一直到 20 世纪 60 年代,这本书诱发了我的想象力,而且使得数学于我第一次

真正鲜活起来。在读完这本书以后,我知道了这就是我想花尽可能多的时间做的事情。我开始为数学着迷了,而且发现非常喜欢它。这就引发了我要做数学家的决定。

后来,在我完成了剑桥的本科学习以后,是该考虑为赢得博士学位而开始做研究的时候了,我对数论发生了兴趣。对我来说,数学中最美妙的事情就是,一些乍看来毫不相干的观念和想法事实上可以证明是紧密相关的,有时甚至是以一种非常深刻和神奇的方式。据说,比起自然科学家,纯粹数学家与艺术家在某些方面有更多的相似之处。我认为许多数论专家,特别地包括我本人,会同意上述说法中包含了大量的真理。

我有时被问及,特别是被学生问及,如何选取研究课题和问题。对我来说,很难精确地回答这个问题。有些数学家明确地决定要去解决某些特殊问题,或者在某个领域内设定了一个大的研究计划。我的研究方式不是这样。在我的情况,一般是在某个特定的时刻,我发现对某个东西好奇,于是我想获得更好的理解。(有时这是已经为其他人很好理解了的东西,但我并未很好地理解。)我常常去听报告和讨论班,读论文,与人交谈,并给自己提问。我比较关注例子,一个东西由此引出另一个东西,新的想法就出现了。我也应该指出,虽然我的想法和想做的事情大多数都行不通,但我怀疑这对其他许多数学家也是一样的。当然,这仅仅意味着,坚持是整个过程的一个关键部分,而非常重要的一点就是不能轻言放弃!

马库斯·杜·索托伊
（Marcus du Sautoy）

数论

牛津大学，数学教授

  课堂上，我的数学老师指着我喝道："杜·索托伊，下课之后跟我走一趟。"当时我 12 岁，害怕极了：莫非我做错了什么？下课铃声响起后，我被他带到数学办公区。我想："现在我真的有麻烦了。"然而老师开始解释说，他认为我应该去了解真正的数学是什么样子的。他给我指引了一些书，其中包括哈代（G. H. Hardy）的《一个数学家的辩白》①。他建议我阅读加德纳（Martin Gardner）在《科学美国人》上的专栏②。真是出乎意料。我读到了关于素数、对称的语言，以及拓扑的奇妙世界。我经历了第一次的证明所带来的震撼和激动。哈代写道，数学家

  ① 有中译本，王希勇译，北京，商务印书馆，2007 年；另有译本收入李文林、戴宗铎、高嵘所编译的哈代的非专业文集《一个数学家的辩白》，大连理工大学出版社，2009 年。——译者注
  ② 加德纳主持了《科学美国人》的数学游戏专栏多年，他的许多文章已集结成书出版，国内有中译本，例如《矩阵博士的魔法数》《啊哈！原来如此》《啊哈！灵机一动》《趣味密码术与密写术》等。——译者注

是模式的创造者，而且创造的模式必须要优美。我就像在学习弹钢琴，开始时只允许弹奏简单的音阶和琶音，而看到这些书就好比第一次听到某个人为我演奏了一段真正的音乐。

从那时起，我知道我想要理解这个世界，生活在其中，并做出创造。我的数学研究受到了这些早期际遇的激发。我在数论和群论的交叉领域做研究。数论探究像素数——这是一堆看起来毫无模式的混乱的数——这样的对象的性质。群论是对称的语言。我的研究似乎阐明了，我们周围的物理世界与我们数学家乐意居住的高维世界中都有哪些可能的对称性。我利用了来自于数论的一个称为齐塔函数（ζ-function）的工具，它最初被用来解开素数的神秘性。

做数学就像吸毒。一旦你经历了攻破一个未解决问题或发现了一个新数学概念的兴奋，你就会将一生投入其中以求重新体验这种感觉。我最兴奋的时刻是当我发现或创造了一个对称的对象，它连通了对称的世界与椭圆曲线的美妙理论。对我来说，做数学就是找出这些有趣的联系，这些联系就像是一条隧道，将你从数学宇宙的一部分送到另一个看似无关的领域。

做数学家就是要创造新数学，但也要将这些新思想传递给其他人。我强烈地感到，数学不应该只为了那些在科学的象牙塔之内的人。为了回报我的中学老师曾经对我的付出，我将一些时间用于试着将数学传播给大众。通过书籍、新闻文章、广播和电视，我试图告诉大家，我所发现的这个学科如此有趣的是什么，以及为何我愿意将一生都奉献于解决数学问题①。

_____

　　① 杜·索托伊有两本数学科普书已经被译成中文：《素数的音乐》，孙维昆译，湖南科学技术出版社，2007 年；《神奇的数学：牛津教授给青少年的讲座》，程玺译，人民邮电出版社，2013 年。——译者注

彼得·萨纳克

(Peter Clive Sarnak)

分析与数论

沃尔夫数学奖（2014 年）

普林斯顿大学尤金·希金斯（Eugene Higgins）讲座教授，普林斯顿高等研究所数学教授

在初中和高中，数学是我最喜欢的科目，部分原因是，它是对我来说容易的少数几个科目之一。然而，在青少年时期的一般爱好中，我最热衷的是国际象棋，我曾在南非的初段和中段水平比赛中取胜。我父亲非常支持我（和我兄弟）从小就投身象棋，但对我 17 岁时跑到欧洲尝试以下棋为职业很不支持。他坚持认为我首先要接受大学教育，这决定了我的未来。

在约翰内斯堡的威特沃特斯兰德大学的第一年，富有激情的优秀年轻数学教员向我展示了现代数学（和应用数学），特别是像高斯、狄利克雷（Johann Lejeune Dirichlet）和黎曼（Bernhard Riemann）这样的数学家的工作。他们的发现之美妙与深度使我坚信，我想要学习和理解更多，而且如果可能，我要对现代数学的发展做出自己的贡献。我学

习了所有与数学相关的课程。事后看来，在远离数学的地方接受本科教育的一个优点是，它为我提供了一个视野广阔的数学基础。

在完成本科学位以后，我离开南非到了斯坦福大学跟随科恩（Paul Cohen）学习数学。关于他的天才与个性的传言已经传遍世界的每一个角落，而且他确实不负盛名。特别地，他传授给我这样的观点——我保留至今（并传给我的学生）——数学是统一的学科，即便出现了种种的专业领域，但你仍然可以在数学内部的不同领域内有效地工作。通常最有趣的突破恰恰来自于这样一个开阔的视野和不同领域之间的互动。

我的工作领域涵盖了分析、数论和数学物理。在整个工作中一个反复出现的主题是对称的作用和群论。L 函数与 ζ 函数的现代理论，源于狄利克雷与黎曼的工作，已经广泛地应用于素数、丢番图方程（Diophantine equations）（如多元整数变量的二次方程）的解、组合数学、理论计算机科学，甚至应用于理解某种以算术方式定义的混沌哈密顿系统（chaotic Hamiltonian system）的量子化。找到并探究这些应用以解决这种类型的基本问题，是我的一个主要工作目标。

我的工作主要是与其他人合作完成，这可以使我做出自己一个人无法完成的事情。合作也是一种靠一对一的亲身实践来挖掘新领域和新技巧的手段。特别地，我从与菲利普斯（Ralph Phillips）、皮亚捷茨基-沙皮罗（Ilya Piatetsky-Shapiro）、卡茨（Nicholas Katz）、伊万涅茨（Henryk Iwaniec）和卢博茨基（Alexander Lubotzky）的合作研究中受益良多。合作还有一个很好的心理层面。我发现，我想大多数数学家也是如此，当你做研究时，至少有 95% 的时间是停滞不前的。你必须忍受这一点，而如果你有合作者的话，那么他不仅可以与你分担沮丧，而且如果迈出了突破还可以与你分享快乐。运气在这些突破中起着一定作用，关键性的洞察浮现出来需要运气，即便是在你尝试着去做另一件极不相同的事情时引发的误打误撞。

　　我曾有幸带过许多优秀的博士生，其中一些已经非常杰出而且在这个领域内留下了他们的足迹。我从他们那里学到的通常跟他们从我这里学到的一样多。学生对我实现自己的研究梦想发挥了重要的作用。

　　对我在莫名其妙的数学问题上坎坷研究的坚持，我亲密的家庭的持续支持是关键的。正如很多人曾说的那样，我为能够做自己想做的事情维持生计并且至今仍然没有丧失热情而感到荣幸。

格尔德·法尔廷斯
（Gerd Faltings）

数论，代数几何

菲尔兹奖（1986 年）

波恩马克斯·普朗克（Max Planck）数学所所长

我在德国铁锈地带的一个煤城长大。我父亲是一个物理学家，在一个化工厂做经理，因此我对物理感兴趣。一段时间以后，我走向了数学，因为我发现它更有趣。数学中的每一件事情都非常有逻辑，这深深地吸引着我。我喜欢数学给人的确定性：某些东西绝对正确或绝对不正确。

我在离家很近的明斯特大学学习。我有一个非常好的老师，他鼓励我学习格罗滕迪克的代数几何工作，虽然从某方面来看这已经有点过时了。即便到现在，仍然有些人认为它太抽象了；然而我整个生涯中在这个坚固的基础上受益很多。

我研究数论，在 28 岁时证明了一个称为莫德尔猜想（Mordell conjecture）的东西，自从 1924 年起它就是一个公开的猜想！因为这一点，事实上我在一夜之间从无名小卒变成了职业明星。更有甚者，在证

明这个猜想时,我发现了一些有趣的问题,并"顺手"解决了这些问题,但如果我能完成一个更完整的理论,就更令人满意了。几年以后,我尝试着理解沃伊塔(Paul Vojta)的一篇论文,最终得到了一个全新的理论。我的经验是,我不需要一个讲究策略的计划,但需要有趣的问题和自然而来的新方法。我本人很少提出猜想。通常只要我有一个在某种情形下可能有效的想法,我就会尝试。有时确实行得通,但通常不行,于是我不得不重新开始。

我的付出得到了回报,因为我在我贡献的这些成果背后发现了自我。这是很满足的,如果你可以制定自己的计划并完成它,完成其他人所不能完成的东西。你的名字将与这个成就相连,这是比大多数人的工作经历更令人满足的。我认为我特别荣幸。

我和妻子有两个女儿,现在分别 18 岁和 20 岁。她们都有数学天分。我们喜欢玩拼图游戏,有时候一起玩牌。她们非常喜欢玩电脑游戏,有时她们给我展示并邀请我尝试跟她们一起玩。我们喜欢看歌剧和芭蕾,至少是在家里的 DVD 上观看。

恩里科·邦别里
(Enrico Bombieri)

数论

菲尔兹奖(1974 年)

普林斯顿高等研究所,IBM 冯·诺伊曼(von Neumann)讲座教授

我在意大利中部的蒙特普尔恰诺(Montepulciano)长大。蒙特普尔恰诺是一个小城,周围有城墙环绕。它坐落在一个山顶上,有许多房屋,六七个教堂。我在那里上学,而且有不少朋友。我喜欢在野外散步、探险洞穴、骑单车、踢足球、看数学书。我父亲在银行工作,但对数学很感兴趣,因此家里有一些数学书,适合非专业的读者。当我开始对数学发生兴趣时,父亲并不反对。他唯一讲过的只是:"如果你想做数学,你要知道你决不会挣到很多钱。但不论你做什么,一定要追随你的兴趣,并且尽你所能地做好。"他鼓励我,当我请他找一些书时,他很尽心地帮助我。在 15 岁之前,我已经开始在数论中做研究。

数论研究整数(1,2,3,4 等)以及它们是如何联系的。例如,有毕达哥拉斯的一个著名三角形,其边长分别为 3,4,5,并确定出一个直角。还有其他的整数也满足这种关系,而这就是数论的一个方面。另

一个例子是素数。它们研究起来非常困难，但非常重要，因为素数是用乘法构造所有整数的基石。数论是数学中最古老的一部分，可以追溯到古代中国与希腊的文明。我一直认为，对应用来说数论太抽象了，但看到素数的现代理论如何找到了重要的实际应用时我不得不改变我的想法。由此得到的教训是，知识——即便是那些不是由短期收益直接驱动的知识，也总是非常宝贵的。

我能够解决一些悬疑多年的问题，有时是与别人合作完成的。也许我最重要的发现是关于素数分布的一个结果，后来发现它在其他问题中非常有用，而且至今还能找到其应用。有人问起，我为何成了一个数学家。简单的回答是，我真的喜欢数学。我认为自己非常幸运，在工作中可以做自己喜欢做的事情。对很多人而言，工作仅仅是一种谋生的手段。在那种情况下，或许有一些补偿：成功，更高的收入，或者是遇见各种有趣的人。但对我而言，无论如何我都要做数学，只因为我喜欢思考数学。

我所在的高等研究所没有正式的课程。我们接收一些刚刚获得学位的博士后。对他们来说非常重要的一点是，要开阔眼界，并在其论文课题之外取得进展。他们还必须学习其他的东西，而我们的作用则是引导并帮助他们变得独立。他们必须学会自己判断什么是有趣的、值得做的，而不只是听从他人的建议。当他们来问我接下来应该做什么时，那就是不够独立的信号。

好的科学总是创造出来的。你需要想象它是怎样的，又怎样从那里进展。很关键的一点是要灵活，不要有先入之见，不要固执己见地看待事物。创造性研究的一个危险在于，为某些想法激动而高估了其重要性，强求将它整合到已知的事实中。这就是我所谓的"硬塞"，试图将所有东西放进一个太小的盒子里。不论在数学还是其他科学中，伟大的发现总是相对于既有知识有一个量子跃迁。我们可以通过研究前辈的工作而学到很多。据说，我们都站在少数几个天才的肩膀上，但我们也不要忘了,我们都依赖于许多人谦卑的贡献:那些既不是建筑师也不是工程师的工人,正是他们将砖块铺起来,使得科学可以奠定基础。我认为,科学的力量来自所有科学家的集体贡献,而且整体要远远大于单个部分的总和。我相信,数学和所有科学仍然有一个光明的未来。

皮埃尔·德利涅
(Pierre Deligne)

代数几何,模形式

菲尔兹奖(1978 年),沃尔夫数学奖(2008 年),阿贝尔奖(2013 年)

普林斯顿高等研究所,荣誉退休数学教授

我出生在布鲁塞尔。据说我小时候曾因为理解了负数是什么而令人惊讶。为什么他们会惊讶呢?温度计对负数给出了一个很好的观念。我很幸运,因为有哥哥和姐姐。当我哥哥读大学时,我可以阅读他的一些书,并学会了如何解三次方程。我也很幸运能遇到奈斯(Nijs)先生,一个高中老师,他看到我对数学很感兴趣以后,给了我很好的书去读。那时我只是将数学视为一种很有趣的游戏。当我知道竟然还可以一边玩游戏一边谋生时,真是一种美妙的惊喜。

有人说,几何学是基于不准确的图像而进行正确推理的艺术[①]。

[①] 英文为"Geometry is the art of thinking correctly with wrong figures",这句话通常被认为源自波利亚(G. Pólya),见其 1945 年著的《怎样解题》(*How to Solve It?*),也有人认为源自庞加莱(H. Poincaré),见其 1895 年著的《位置分析》(*Analysis Situs*)。(本脚注引自陆俊和欧阳顺湘翻译的《采访阿贝尔奖得主皮埃尔·德利涅》一文,见《数学文化》第 5 卷 2014 年第 1 期,网上有电子版。)——译者注

我赞同这个说法，但必须强调是用许多个图像。对每个数学对象，你有不止一个图像。虽然每一个都是错误的，但你知道它是怎么错的。这就帮助我们确定了什么应该是对的。它让你从一个场景跳跃到另一个场景。在数学中，当你发现两个看似没有共同之处的东西事实上相互关联是一种乐趣，而在两个问题之间建立一个字典则是一个强大的工具。通常，从一个角度来看事情是显然的，而从另一个角度来看将给你一些惊人的信息。在数学中，我曾几度能够建立这样的联系。

存在着各种不同的思考数学的方式。有的人是非常代数化的，可以用公式思考，而且计算非常快；有的人用图像来思考。有的可以非常精确，有的则非常模糊，只能给出想法。多样性是有用的，因为每一种思维方式补充了其他方式。

在数学中，我们没有大量的合作者，不像在物理学和生物学中，参与者多达四十个也不足为奇。我有一些合作论文，但只有一篇论文的合作者达到了四个，我们每个人都做了不同的事情。合作可以采取一起写论文的形式，但也可以是与人交流。他们可以告诉你那些在他们看来是显然而在你看来并非显然的东西。

我想知道我所不理解的矛盾处与关键点。我很庆幸能够从格罗滕迪克那里学到许多代数几何，从其他人那里学到许多模形式。这两个领域内的数学家从不对话，但我可以用兰金(Robert Rankin)关于模形式的一个想法来证明代数几何学家确实想知道的一些东西。

在数学中，除了定理，还有我们称为"哲学"或"瑜伽"的东西，虽然它仍然很模糊。有时我们猜测什么应该是对的，但无法给出一个精确的陈述。当我想理解一个问题时，我首先需要对它所在的背景有一个概观。当你将问题摆好位置时，哲学就创造出一个概观，并可以推断出，如果你能在这里做点什么，那么你就能在其他地方取得进展。那就是事物如何整合在一起的。

当我在巴黎做学生时，我参加了格罗滕迪克在法国高等科学研究所的讨论班和塞尔（Jean-Pierre Serre）在法兰西学院的讨论班。理解每个讨论班正在做的事情将充实我的每一天。从中我学到了很多。格罗滕迪克要求我写下一些报告，并给了我他的笔记。他极其慷慨地允许我使用他的思想。你不能偷懒，否则他会不睬你。但如果你确实感兴趣而且做令他愉快的事情，那么他会给你很大帮助。我非常享受他周围的气氛。他有主要思想，而主要目标就是证明理论并理解一部分数学。我们对优先权并不在意，因为我们的研究所依赖的思想归功于格罗滕迪克，优先权将毫无意义。后来我遇到了其他一些数学领域的人，他们担心自己是不是第一个做出来的，并且对他人隐瞒自己在做什么。我不喜欢这种方式。有各种各样的数学家，甚至有争强好斗的。

诺姆·埃尔基斯
(Noam D. Elkies)

数论

哈佛大学,数学教授

  自我记事起,我就开始摆弄数字和音乐——根据父母的说法,是自从我三岁开始。因为母亲是一个钢琴教师,所以音乐在家里无处不在,但她回忆说,首先激发我在音乐方面的真正兴趣的是数字。入门的钢琴书用1,2,3,4,5五个音符代表拇指、示指(食指)、中指、环指(无名指)、小指,一开始它们完全对应于音符(因为初学者的手不能移动),在用右手弹奏时也通常对应着“音阶”。例如,《欢乐颂》对右手而言将是334554321123322,对左手而言则是332112345543344,对应位置的两个数字加起来总是6。

  音乐本身也立即成为与数字同等的喜好,不过是以它自己的形式:虽然音乐分享了基本算术的一些工具(如节奏和谐音,而不仅仅是基本指法)和高等数学的一些关注点(如模式和含义的简洁性),但它们有不同的目标。

  年少时,在从父亲(他是工程师)那里接受了数学,从母亲和外祖母

那里接受了音乐的早期引导以后,我很幸运地接触到两个领域内的一些绝妙的指导者、同辈和其他资源,不论是在以色列——从幼儿园到初一我一直住在那里——还是在之后的纽约。在数学方面,这包括以色列时期的小学强化班的"数学俱乐部"和以希伯来语介绍的欧几里得几何。回到纽约之后,我阅读了加德纳在《科学美国人》上的数学游戏专栏,参加了史岱文森高中的数学小组,并巡回了从当地到全美再到国际的高中数学竞赛。那时或略晚些时候,我还被引介了即将成为我研究至今的两个主题:数论——特别是椭圆曲线——和各种空间里的装球问题。

在高中快要结束时,我在数学和音乐两方面都获得了初步的认可〔在数学方面,我在国际数学奥林匹克竞赛中取得了满分,并且在一个公开的爱尔特希问题(Erdös problem)上取得了进展;在音乐方面,参加了茱莉亚(Juilliard)音乐表演,作曲还获得了广播音乐联合会的表彰〕,但很清楚的是,鱼与熊掌不能兼得,我必须在数学与音乐当中抉择一个作为人生目标。我选择数学的一个原因是,我期望或许能够以此谋生并同时保持在一个较高的水平上追求音乐,而以音乐家为职业生涯则可能不允许我继续钻研数学,除非是以一种消遣的方式。

职业数学家做原创性的研究以创造新的数学。我已经有了一些研究经验,但有很长时间我最好的研究结果都不是新的:我发现,每一次都有人走到了我的前头,或者是高斯又或者是泊松。后来,我感觉在取得进步是因为,我重新发现了不仅仅是一二十年之间的定理,而是一两年之前的定理。即便我最后在数论中发现了一个新结果,部分也是因为,我对一些经典知识不熟悉:在博士论文中我证明了关于椭圆曲线的一个猜想,这个猜想曾被认为是不可能攻克的,因为攻克它的标准计划是首先证明广义黎曼假设(generalized Riemann hypothesis)! 因为不知道这一点,我尝试更好地理解为何这个猜想可能是对的,并通过结合新近发展的数论与一个大约追溯至欧几里得的想法而最终证明了它。

　　几个月以后,我发现了一个四次方数可以写成其他 3 个四次方数的和的第一个例子[①],而欧拉曾在 1769 年猜测这是不可能的。即便 20 多年过去,我又发表了几十篇文章,但那仍然是我最著名的结果。虽然其他结果在数学上具有极大的重要性,但四次方问题是数论中那些结合了看似简单的陈述与实则非常困难的解答的问题之一。

　　我非常幸运曾解决这样一个问题,特别是在我职业生涯刚刚开始的时候,我之所以能很幸运地以我的两个终身爱好之一谋生,在一定程度上这要归功于那个解。此后,在数学和音乐中,我曾学习了更多相关的著作和技巧,但即便在我使用现代工具时,被作为一项准则的是,并非为了它自身的利益而是致力于传统的关联与优美,正是它们第一次引发我,将一生中如此多的时间投入到这个领域中。

---

　　① 这个例子是:$2\,682\,440^4 + 15\,365\,639^4 + 18\,796\,760^4 = 20\,615\,673^4$。稍后弗莱(Roger Frye)发现了数值最小的例子:$95\,800^4 + 217\,519^4 + 414\,560^4 = 422\,481^4$。应该指出,稍晚于埃尔基斯,察吉尔(Don Zagier)用不同的方法也发现了同一个例子,见 A. Malter, D. Schleicher, D. Zagier, New Looks at Old Number Theory. *Amer. Math. Monthly*, **120**(2013), 243 - 264。该文有中译文,见《数学译林》2013 年第 3 期。——译者注

本尼迪克特·格罗斯
(Benedict H. Gross)

数论

哈佛大学,哈佛学院乔治·法斯默尔·莱弗里特(George Vasmer Leverett)讲座教授,前任院长

20 世纪 60 年代当我上大学时,每个人都试图改变这个世界。然而无论数学家做什么,都无济于将这个世界变得更美好。大学毕业之后,我在非洲、亚洲和欧洲旅行了几年,念数学、玩音乐,并尝试着将这些问题全部解决。但我发现,如果我想做富有创造性的工作,那就应该做数学,而且要返回美国学习数论。

在研究生院,我受教于大数学家——泰特(John Tate)、塞尔(Jean-Pierre Serre)、博特(Raoul Bott)、梅热(Barry Mazur)——并对椭圆曲线发生了兴趣。一条椭圆曲线由一个二元三次方程给出。自从有了数学,人们就研究了二次方程;例如单位圆周的方程 $x^2 + y^2 = 1$。费马和欧拉研究过的一条著名的椭圆曲线是 $x^3 + y^3 = 1$。椭圆曲线比其他二元方程有更丰富的结构,有一个秘诀可以从已知的解产生新的解。然而,你可以有一个简单的方程,例如 $y^2 = x^3 + (1\ 063)^2 x$,它有

无穷多个有理解,而最小的正解的分子和分母的数字都超过了一百位。

我做研究生时遇见了察吉尔(Don Zagier),他与我同龄,但已经是成名的数学家。一年以后,我去马里兰访问了察吉尔,带着一个想法,可以用于证明某些椭圆曲线具有无穷多个有理解——但事实上不需要写下任何这样一个有理解。这个方法需要在椭圆曲线与模形式这两个学科之间搭一座桥,前者主要是代数和几何的,而后者主要是分析的。我可以从河流的一侧开始,而察吉尔可以从河流的另一侧开始。我跟他概述了这些以后,我们开始做一些初步计算。

在我的访问快要结束时,我们通宵都在计算一些积分,做一些不现实的猜测。许多个小时过去以后,我们得到了一个公式,处处都有不收敛的无穷和。这个表达式中仅有一项有意义。察吉尔问我,这一项代表的应该是什么,我预言说,它代表的应该是一个分式的某个方幂,而这个分式的分子是一个素数,分母是一个奇异 j 不变量。这看起来是毫无理由的——我们所做的任何事情与 j 不变量哪怕是遥远的关系都没有。因为已经是凌晨四点了,我建议我们等天亮以后去图书馆,那里有表可以供我们查阅不变量。然后我睡觉去了。

然而,察吉尔继续坚持,用他的手动计算器一次一次地计算 j 不变量,验证了我的预言在每一种情形都是正确的。中午时分我起床了,而察吉尔还在熟睡中。客厅的地板上到处都是他的演算纸,每一页都肯定了这个猜想。当我翻到最后一页时,上面写着:"赶紧叫醒我!"

这是我数学生涯中的巅峰时刻。我和察吉尔不知道是否会得到最终的公式,但是我们知道有了一个很好的开始,而且是在一个全新的领域内做研究。这是一片未经开垦的土地。没有人曾经发现这里,无须紧赶。几个月以后,我们达到了计算的终点——他对 L 函数的推导与我对解的高度的计算——并仔细审察了许多复杂项,我们发现它们吻合得特别完美。这引出了一个简单的等式,现在被称为格罗斯-察吉尔(Gross-Zagier)公式。没有人真正解释过为何它是对的,虽然达尔蒙

（Henri Darmon）、库德拉（Steve Kudla）和张寿武①每个人都对其推广做出了进展。

当你发现了一个数学真理时，每件事情都立即变得清晰了。理解起来是如此容易。你不再想碰它。见识到数学的美妙真是令人愉快。

---

① 张寿武，美国普林斯顿大学数学系教授，1962 年出生于安徽和县。他的主要研究领域是数论和算术几何。——译者注

唐·察吉尔
（Don Zagier）

数论

巴黎法兰西学院数学教授，波恩马克斯·普朗克（Max Planck）数学所所长

在我生命中的前三十年，我每年都在搬迁，因此我没有根，没有稳定性。从某种意义上说，我没有故乡。我在美国长大，但在欧洲生活了如此之久，以至于我不再觉得自己很像美国人。

我的童年是不寻常的。9岁以前我很少说话，而且没有朋友，对那些年我也毫无记忆。有人认为我可能是弱智。学校的心理学老师给我做了3个小时的测试，这挽救了我的人生。结果显示，我的智力高于常人，而且学校说我可以跳一级，只要我愿意。这是我一生中第一次做决定。我跳了一级，之后跳了一级又一级，最后在13岁时高中毕业。在英国待了一年以后，我去了麻省理工学院念大学，两年内完成了一个五年的计划，16岁拿到了双学士学位。19岁我拿到了博士学位。从14岁生日那一天起，我就再也没有跟父母一起住过。

我早期的数学教育既是幸运的也是不幸的。幸运的是，我父亲喜

欢数学并激发了我对它的热爱。当我们在森林里散步时，他中途停下来给我展示了毕达哥拉斯定理，并指给我它在大自然中的表现。他非常崇拜数学，而我认为，我投身于此对他意义很大。我决定要做一个数学家是在我 11 岁时。我有一个极好的数学老师，她允许我在课堂上遵循特殊的规则，因为我想成为一个职业数学家。于是我在课堂上可以读数学书或者思考其他问题，但在测验时除非我考满分，否则记零分。她说我可以选择要不要答应这些条件，我当然答应了。这是一个很好的训练，因为即使在烦冗的计算中我也学会了敏捷与细心，这在后来非常有用。同时我也是不幸的，因为这开始得太早了。我的中学位于加州的一个中小城市，虽然我读了一本又一本的数学书，但没有真正的数学家指导我，而且我选择的是非常过时的数学书，大多是面向应用的数学书，这使得我后来理解"现代"数学非常困难。我在研究生院第三年才遇到第一个真正的老师，希策布鲁赫（Friedrich Hirzebruch）。通过他我才开始学会了像一个真正的数学家那样思考。这是你无法自己学会的，而必须要从一个大师那里才能学到。

即便到了今天，我也不是一个现代数学家，而且非常抽象的思想对我来说都是不自然的。我当然学会了如何用它们来做研究，但并没有真正将它们化为己有，我仍旧是一个追求具体的数学家。我喜欢显式的、可动手实践的公式。对我来说，它们本身就很优美。它们可以很深刻，也可以很简单。例如，设想你有一串数，使得你将其中一个数加上 1 以后得到前后相邻的两个数的乘积。那么这一串数必在五步之内重复。比方说，如果你从 3，4 开始，那么这串数是 3，4，5/3，2/3，1，3，4，5/3，…，在五步之内重复。数学家与非数学家的区别，不在于能否发现像这样的东西，而在于是否关心它，并对它为什么正确、有何意义、与数学中其他东西可能存在的联系而好奇。在这个特殊的例子中，结果表明，这个简单的断言与高等数学中许多深刻的课题有关：双曲几何、代数 K 理论、量子力学的薛定谔方程，以及量子场论的某些模型。

我发现,这种非常初等的数学与非常高深的数学之间的联系极其优美。一些数学家认为公式和特例没那么有趣,而仅仅关心对深刻的根本原因的理解。当然,这是终极目标,但对一个特殊的问题来说,可以通过例子以一种不同的角度看待它,而且无论如何,有不同的观点和不同类型的数学家是有益的。

数学是富有创造性的,而不是一种机械程序。它是非常富有个性的。有时你只要从一个结果的陈述就可以猜出是哪个数学家做了这个工作。在某种意义上,无论我们能否发现,数学已经存在——有一个实在的数学世界,而且它比 92 种元素和 16 种基本粒子的物理世界要广袤得多。当你发现一个结果时,其实这个结果并不真正属于你,因为它早就是正确的了,但是,你在发现和证明中通过选择怎么做而表达了你的个性。这就像下棋,虽然规则对每个人都是一样的,但新手和老手对如何行进的选择完全不同。不过在下棋时每一步只有约 20 种选择,而在数学中则有无限多种选择。数学家的生活中充满了一种永恒的好奇感,这是他绝不会厌倦的。

巴里·梅热
（Barry Mazur）

几何拓扑，数论

哈佛大学，格哈德·盖德（Gerhard Gade）讲座教授

尽管人类文明的历史已有数千年，我们却一直津津乐道于这样的话题：爱情、死亡、如何讲述我们的历史、如何想象那些最不可思议的事情、我们过去如何彼此相处、现在应该如何相处，以及如何对诸如此类的话题进行思考等。

我们思维方式的背后有一个纯粹的思维体系。它清晰、明确，超越了个人心境、跨越了环境，甚至超越了文化。而这个思维体系是上天赐予人类最伟大的礼物之一。而数学，比其他所有的思维模式更接近这种思维体系。恰恰是这个原因，使得思考数学具有极端的两面性：一方面是独特的心路历程，另一方面又具有人类特有的普适性。

我目前从事的数学与数字相关，也就是像 1, 2, 3, …这样的数字。考虑到这个错综复杂的世界有那么多事物需要去理解，或许你会有这样的疑问：对于像 1, 2, 3, …这样简单的数字，难道还有什么不够清楚吗？

　　诚然，这更像是一个谜。也许在其他一些星球，在那里存在着这样一种文明：他们对数字的理解了然于心。然而就像我在本篇开头提到的那样：尽管目前人类已经掌握了丰富的知识，事实上我们才刚刚起步。即便是为了完全掌握目前的知识，为了完全理解像 1，2，3，…这样的数字，我们都需要充分利用直觉，才能理解高维空间，乃至于更复杂的几何学；我们都需要努力探索，才能借助分析的强大工具处理连续现象；甚至于，我们可能还需要用到概率论的精妙之处或者机遇论的基本法则。正因为此，在一般人看来，从事数学研究，一方面非常神秘；另一方面也十分荣耀。

　　我想我选择数学是出于偶然。在当时，跟许多同龄人一样，作为业余无线电爱好者，我常常为无线电波那神奇的力量而困惑，也费解于思考电磁波和万有引力。这是一对奇怪的物理现象，它们各自演绎着因距离而产生的魔法般的作用力。同这些作用力（万有引力、电磁波等）是如何产生的问题比较起来（事实上，这样的问题将会指引我们走向物理学），我更感兴趣的是：我们应当如何对这种因距离而产生的作用力给出一个很好的表述；或者说如何对这种只能通过整体（而非局部）去把握的自然现象给出一个很好的表述。拓扑学，这个我最早从事的数学学科，恰好有一套合适的语言能够很好地描述诸如此类的现象，并且有强大的工具来处理此类问题。

　　将数学看作一项事业，我们也最好从"整体"把握，它不存在自然边界。虽然我最早从事拓扑学（或者更广义地来说，几何学）的研究，但这些领域的结果也可以应用于其他领域，比如说在拓扑研究中得到的直觉可以对我们理解关于 1，2，3，…的问题很有帮助。事实上，就关于数字的问题而言，没有什么方式能够比通过直觉去理解它们更好的了。而培养这种直觉，正是包括我在内的许多数学家非常乐意去做的事情。

译者插语：Mazur 也常被译为马祖尔。

安德鲁·怀尔斯
（Andrew John Wiles）

数论

国际数学联盟（IMU）银质纪念章（1998 年），沃尔夫数学奖（1995/6 年），阿贝尔奖（2016 年）

普林斯顿大学，尤金·希金斯（Eugene Higgins）讲座教授

十岁时我居住在英格兰美丽的剑桥大学城，一天我在当地的图书馆偶然幸运地发现了一本书，在这本书的封面上陈述了所有最著名的数学问题，至少对那时作为外行的读者是如此。其中一个问题是著名的费马大定理（Fermat's Last Theorem），而其问题是证明：虽然很容易找到许多平方数使得它可以写成另外两个平方数的和，但同样的结论对立方数以及任何的高次幂的数都不成立。费马是一位杰出的数学家，他曾将这个断言写在他手抄的某本希腊数学著作的页面边缘上。他宣称"我对此定理有一个精彩的证明，但是边缘的空白是如此之小而无法写下来"。此后，数学家一直在为找到一个证明而奋斗，但都未成功。找到费马大定理的证明成为我儿时的梦想。

我花了很多时间试图解决这个问题。如果费马发现了证明，那么

他的方法应该不会超出我的能力范围。当我在牛津念本科时,我继续不时地思考费马的问题,但在我成为研究生开始研究数论时,我意识到,几乎可以肯定的是,费马的话不能当真,他的方法不可能奏效。于是我停止了在费马大定理方面的研究,开始了我作为职业数学家的生涯。我研究与椭圆曲线有关的问题。虽然其中某些问题追溯至一千年以前,而且关于它们的现代研究始于费马,但我们的方法牢固地奠定在19世纪晚期和20世纪的数学基础之上。

然后在1985年,德国数学家弗赖(Gerhard Frey)建议了通向费马问题的一个崭新途径。一年以后,在塞尔(Jean-Pierre Serre)和里贝特(Kenneth Ribet)的工作之后,费马问题变成了紧密联系于现代数学发展的一个问题。这个全新的途径是可能的。于是我有了新的机会来研究这个问题,这一次是利用椭圆曲线和模形式的理论。后来证明,这个挑战是难以抗拒的,在接下来的八年时间里,我日复一日地思考这个问题。这是一段紧张工作的时期——在已有的工作中寻求线索,一次又一次尝试各种想法,直到我可以将它们定型——这也是一段令人沮丧的时期,不过不时地被意外的令人激动的洞察所打断,这些洞察使我有信心认为自己正在往正确的路上走。五年以后我有了一个深刻的发现。我可以将这个问题化归为另一个问题,而化归后的问题恰好是我在哈佛和普林斯顿第一年所研究过的那种类型的问题,自1982年以后我就在普林斯顿永久定居了。

在接下来的两年里,我疯狂地努力工作以完成它,在1993年5月我相信我已经大功告成了。我在剑桥的一次会议上展示了我的研究结果。在那个夏天快要结束时,有人向我指出了一个问题,它可能导致我论文的某一部分出错,于是我不得不着手对那一章节寻找一条可替代的路径。直到1994年9月,我才找到补救方法,在此期间我曾得到同事卡茨(Nick Katz)和我从前的学生泰勒(Richard Taylor)的帮助。我不想描述那一奋斗历程的崎岖、兴奋与失望,以及1994年9月当我发现解决最后一个困难时的最终突破。但我想说，实现一个人童年的梦想富有奇妙的魔力。只有很少人享有这个特权，而我幸运地成为其中之一。

我更正证明的那一年是极不容易的一年。不过，快乐的是，1988年我与妻子娜达（Nada）结婚，并在剑桥的会议之前生下了两个女儿。第三个女儿生于1994年5月，与问题的最终解决恰好合拍。如果没有家庭的支持和要求，我无法想象那段岁月怎么度过。在我醒着的每一刻，让我暂时停止思考这个问题是很困难的，然而幸运的是，两个女儿成功地让我分心，正好可以使我在生活中保持平衡。这个证明1995年5月发表在《数学年刊》上，距费马首次写下这一问题已有350年之久①。

数学已经被人类研究了数千年。统治者代而复谢，国家兴而复亡，帝国盛而复衰。但数学历经这一切，并幸免于战争、瘟疫与饥荒。它是人类生活中少有的不变的事物之一。古希腊和中国历代的数学在当今如同在从前一样有效。数学也将会延续到未来。今天尚未解决的问题将在明天的世界里获得解答。成为这个悠久而迷人的故事里的一份子，我感到极其荣幸。

---

① 关于这个传奇故事的艰辛曲折历史，可见《费马大定理：一个困惑了世间智者358年的谜》，西蒙·辛格（Simon Singh）著，薛密译，广西师范大学出版社，2013年。——译者注

曼朱·巴尔加瓦

(Manjul Bhargava)

代数,数论

菲尔兹奖(2014 年)

普林斯顿大学,数学教授

我一直喜欢数学。儿时我喜欢形状和数字。我最早的数学记忆来自于八岁时将橙子堆成金字塔形状(专门用于榨汁机!)的事。我想知道,堆出最低层每边有 n 个橙子的一个金字塔需要多少个橙子。我思考了很久,最终确定答案是 $n(n+1)(n+2)/6$ 个橙子[①]。对我而言,那是非常有趣和兴奋的时刻!对任意大小的金字塔,我能够预言出需

[①] 细心的读者会发现,作者在这里的发现可以用一个简洁的公式来表述:$1+3+\cdots+n(n+1)/2 = n(n+1)(n+2)/6$,而这其实就是组合数学中著名的朱世杰(1249—1314)恒等式的一个特殊情形。也正是由于这个原因,形如 $n(n+1)(n+2)/6$ 的数被称为金字塔数[正如形如 $n(n+1)/2$ 的数被称为三角形数一样]。附带提一句,我国近代数论的奠基人杨武之(1896—1973)先生(华罗庚、柯召、闵嗣鹤的老师,杨振宁的父亲)在 1928 年的博士学位论文中证明了这样的结果:每个正整数都可以写成 9 个金字塔数的和。19 世纪英国数学家波洛克(F.Pollock)猜测,每个正整数都可写为 5 个金字塔数之和(迄今最好的纪录是 8 个)。这是一个可以与拉格朗日的四平方和定理[见本书中关于纳尔逊(Edward Nelson)一篇的脚注]、高斯的三角形数定理[见本书中关于卡尔森(Lennart Carleson)一篇的脚注]相媲美的结果。——译者注

要多少个橙子，对此我很欢喜。

年少时给我最大影响的有两个人：我的祖父，一位著名的梵文和古印度史学者；我的母亲，一位数学家，同时对音乐和语言学也有浓厚的兴趣。结果，我对语言和文学——特别是梵语诗歌——还有古典印度音乐发生了浓厚的兴趣。我学会了演奏一些乐器，如西他、吉他、小提琴和钢琴。但我一直最喜爱的是打击乐器！我最喜欢的是塔布拉（tabla）鼓，从孩童时代起，我就开始玩这种双鼓，现在只要有时间我都会演奏塔布拉。

我一直觉得，音乐、诗歌和数学这三个东西非常相似。在很大程度上，对所有的纯数学家来说，这都是对的。在中学里，数学一般被划分到科学的范畴。但对数学家来说，与音乐、诗歌和绘画一样，数学也是一种艺术创造。它们都包含——而且事实上需要——一种创造火花。它们都在努力地表达日常语言所不能表达的真理，它们都在努力地臻于完美。

音乐或诗歌与数学之间的联系并非只是一种抽象的联系。我年少时祖父告诉我，不可思议的数学曾被印度的一些自认为是诗人（或语言学家）而非数学家的古代学者所发现。像帕尼尼（Panini）、平噶拉（Pingala）、罗摩古陀罗（Hemachandra）和那罗衍那（Narayana）这样的语言学家在研究诗歌时曾发现了一些美妙而深刻的数学概念。祖父告诉我的关于他们的故事非常鼓舞人心。

作为数学家和鼓手的双重身份，有一个令我非常着迷的例子。梵语诗歌的韵律有两种音节——长音节和短音节。长音节占两拍而短音节只占一拍。对一个古代诗人而言，一个自然而然的问题是：利用长音节与短音节可以构造出多少种恰好占（比如说）八拍的韵律？（例如，可以有"长—长—长—长"或"短—短—短—长—长—短"这样的模式。）

答案在平噶拉的经典著作《诗形论》（*Chandashaastra*）中给出，该著作可以追溯到公元前 500 年左右。这里有他的优美解答。我们如下构造出自然数的一个序列：首先写出 1 和 2，接下来要写的数通过将前面两个数相加得到。这就得出一个序列 1，2，3，5，8，13，21，34，55，89，…。写出的第 n 个数就是由长音节和短音节构成的占 n 拍的韵律的总数。因此，对于 8 拍的长度来说，答案是一共有 34 种这样的韵律。

这些数以罗摩古陀罗数而著称，以这位 11 世纪的语言学家命名，他首先证明了这些数的生成方法。在西方这些数也以斐波那契数而闻名，因意大利数学家斐波那契(Leonardo Fabonacci)而得名，他在 13 世纪的著作[①]中曾论及这些数。现在这些数在如此多的数学领域起着重要的作用！它们也出现在植物学和生物学中。例如，雏菊的花瓣数目总是某个罗摩古陀罗数，松果上的螺旋数目也是如此(出于某些已经为数学家所理解的原因！)。

在我年少时，这个故事激励了我，因为这是一个美妙例子，简单的概念发展成为如此普遍、如此重要、如此深刻的东西。在某种意义上，这就是那种在今天仍然激发着我的数学，那种我在做数论研究时所一直努力追求的数学。我相信所有的数学家都会同意，做数学就是找到一些简单的问题和想法，而它们能够引出意外的、未经开发的领域以及深刻、优美而持久的数学。

① 指 1202 年出版的 *Liber Abaci* 一书，有中译本，《计算之书》(斐波那契数出现在第 474 页)，纪志刚，汪晓勤，马丁玲，郑方磊译，科学出版社，2008 年。——译者注

约翰·泰特
(John T. Tate)

代数数论

沃尔夫数学奖（2002/3 年），阿贝尔奖（2010 年）

奥斯汀得克萨斯大学锡德·理查森（Sid W. Richardson）基金会杰出教授，哈佛大学荣誉退休教授

我作为独生子在明尼阿波利斯（Minneapolis）市长大。我父亲是明尼苏达州立大学的实验物理学家。我母亲了解经典名著，在我出生之前教高中英语。我父亲有一些杜德尼（H. E. Dudeney）的关于逻辑和数学谜题的书①，这很吸引我。虽然我儿时能解出的谜题很少，但我喜欢思考谜题。

我想表达我对父亲的感激。他从不对我揠苗助长，而是一次又一次地给我解释一些简单的基本思想，例如物体下落 t 秒时的距离与 t^2 成正比，如何可以在平面中用坐标来描述点以及用方程来描述曲线。

---

① 杜德尼的几本数学谜题集有中译本：《亨利·杜德尼的数学趣题》，刘玉民、王来译，上海科技教育出版社，2007 年；《坎特伯雷趣题集》，陈以鸿译，上海科技教育出版社，2007 年；《数字的真相》，张曙、张超斌译，天津教育出版社，2012 年。——译者注

在很小的时候，我对于科学是什么获得了一个很好的一般观念，这要归功于父亲的引导。

在高中时我读了贝尔（E. T. Bell）的《数学精英》①。书中每一章描述了一个大数学家的生活与工作。从这本书中我学到了许多奇妙的东西，例如二次互反律、算术级数的狄利克雷定理（Dirichlet theorem）。我反复地努力想象如何证明它们，当然总是徒劳的。我总是喜欢自己先思考，而不愿意去读别人写好的东西。当我还是孩童时，我就不喜欢在猜谜题时求助书后的答案，虽然那样做我能够学到更多的东西。这种以自己的方式去做事情的强烈愿望曾经是一股力量，但如果还伴有阅读别人工作的兴趣和能力就更好了。你需要平衡。

在读了贝尔书中关于阿基米德、费马、牛顿、高斯、伽罗瓦等人的故事以后，我产生了这样的想法，如果你不是天才，你就不可能成为一个数学家。我知道自己不是天才。但我觉得这一点对物理学来说不成立，因为我父亲就是一个物理学家。于是，我进入普林斯顿大学研究生院以后选择了物理。然而在第一年，我就很清楚，数学才是我的真爱和最有天分的学科，因此我转向了数学。

无论什么时候，普林斯顿都是研究生做数学的一个理想去处，而对我来说更是一个特别幸运的选择，因为阿廷（Emil Artin）在那里。我从来没有听说过他，因此当我知道正是他证明了我最感兴趣的定理——二次互反律——的最终推广，并且我最喜欢读的书——范德瓦尔登（Bartel van der Waerden）的《近世代数》②——正是基于他与诺特（Emmy Noether）的讲课时，我非常震惊。阿廷是一个伟大的数学

① 有两个中译本：《数学精英》（在 2004 年上海科技教育出版社的再版中更名为《数学大师》，徐源译，北京，商务印书馆，1991 年；《大数学家》，井竹君等译，台北，九章出版社，1998 年。——译者注

② 有中译本《代数学》，第一卷（丁石孙，曾肯成，郝炳新译），第二卷（曹锡华，曾肯成，郝炳新译），科学出版社，2009 年。——译者注

家,同时也很喜欢教课。他成了我的指导者和博士论文导师①。

　　我的研究领域主要在数论和代数几何。随着现代计算机的发明,虽然这些学科已经变得非常具有实用性——如公钥密码以及作为现代商业基础的电子流通加密方法背后的数学,但在我的学生生涯甚至我的大部分生涯中,我从未梦想到会如此。我喜欢这些学科的原因,恰恰也是它们之所以被研究了数百年的原因所在:它们自身的内在趣味,已发现的优美的深刻联系,还有找到并证明新的深刻联系的挑战。它就像一本富有魔力的相互关联的谜题集,一个谜题的解会揭示出其他谜题的解,而且书后没有答案。这本谜题集由古希腊人发现,而第一批谜题的解答是由欧几里得记录的。例如,如何看出素数序列 2, 3, 5, 7, 11, …不会终止,或者$\sqrt{2}$不是有理数。不过我们现在远远地超过了欧几里得,以至于我们已经几乎无法向数学家之外的任何人描述我们所找到的谜底以及正在试图求解的谜题,哪怕是以一种模糊的方式。令人沮丧的是,只有对皈依者来说,数学才是一门艺术。相对于音乐和绘画而言,如果没有专业知识,就很难在一个大众化的水平上理解或欣赏数学。

　　数学本身是一门让人尊而不亲的、冷冰冰的学科,它是完全客观的,与人们的日常生活毫无关联。数学生涯中的热情来自于与同事和学生的相互交流,对思想的分享,以及对遍布世界的数学团体的认同感。我非常感激我的数学朋友,感激他们的情谊,还有我从他们那里学到的一切。

---

① 事实上,泰特还成为阿廷的女婿。——译者注

尼古拉斯·卡茨
(Nicholas Michael Katz)

数论，代数几何

普林斯顿大学，数学教授

写我自己让我感觉不太好，但在大概 20 年前我曾接受一个访谈，后来收入到一本《培养青少年的天才》的书中，该书考察了一些在音乐、绘画、体育、数学和科学领域有专长的人。我将引用我在该书中说的一些话，并略做评论。事实上我要引用的第一句话来自于我的母亲，她说："我热衷于压制孩子使之符合家长的期望。"这句话现在让我发笑，因为她曾矢志不移地想让我成为一名医生，这是我父亲的职业。（他在我两岁时去世，而我母亲没有再婚。）为了避免这一命运，我在大学里没有修过任何生物课，而且我的这一抗拒引发我与母亲之间的可怕斗争。在大学的后三年，我搬出家去跟外祖父母住在一起。

我较晚才开口说话，而且阅读有障碍。用我母亲的话来说："倘若他不是看起来如此聪明，我也许早就为之担忧了。他真的非常慢。直到两岁他才开口说第一句话。"在学校学习阅读时我遇到了相当大的困难。我想母亲之所以将我从私立学校转出的一个原因是，虽然它是一

个很先进的学校,但老师其实并不了解你是否学会了什么东西。在一年级结束前,我母亲不知怎么发现了我还没有学会读写。事实上,我对阅读非常恐惧。在二年级我恰好遇到了一个非常热情而且富有同情心的老师,不论我在阅读方面有何种忧虑,她都帮我克服。此后,我一直就是一个书虫,主要是读小说。

在三年级,我和一个朋友在我们上课前一周就弄明白了分数如何相乘和相除。我还记得在五年级我从百科全书上学到了开平方的算术。也许当时班上只有另一个人知道这个秘诀。但我从不认为自己很特别,也没有期望有人能够理解我所想的。我只记得有几次我比其他人更早接触到一些东西,但我只是很愉快地完成分内的事情。在某种意义上说,平面几何是高中唯一的纯数学,但我并不是特别擅长它。我学得不坏,但并不为之疯狂。例如,我当然知道一些数学家在高中时以他们自己的方式重新发现了所有的定理。那时我没有发现任何东西,不过我得到了高分。

我在数学中起步归功于一个人,莫斯托(Dan Mostow)。他和他的两个同事,梅耶(Jean-Pierre Meyer)和桑普森(Joe Sampson),坚定地认为标准的数学教学次序很糟糕。你无法对任何人教授真正的数学,但你应该做到这一点。因此,满怀改革的热情,他们使管理层相信每个人都要参与这个新课程。他们开始教授真正的数学。你被告知将会从中受益。我听了他们的课程,发现确实妙极了。对我来说有一点是显然的,我跟霍普金斯大学的其他人至少同样得优秀,我想对其他每个人也是这样。在我们当中只有少数人真正擅长数学。那时,爱尔兰(Ken Ireland)还是研究生,他魅力超凡,令人鼓舞。在大三我听了德沃克(Bernie Dwork)的一门课,大四又听了他的一门研究生课程,并决定跟他做研究。那时他离开霍普金斯大学去了普林斯顿大学,就将我一起带过去念研究生。在我的学生时代,这三个人——莫斯托、爱尔兰、德沃克——对我的影响是决定性的。

要强调的很重要的一点是,运气在这一过程中起到的不可思议的作用——在合适的时间遇到合适的教授,一些新的数学问题流行时能及时跟上,了解到一些有趣的问题。我完全相信,许多数学家都比我聪明,智商比我高,可以学得比我多比我快,回答问题比我迅速。但在下述意义下,我是一个要优秀得多的数学家:我做出了更好的数学,而这主要是运气的问题,在正确的时间出现在正确的地点。你需要非常擅长数学,但如果你非常擅长数学而周围的人感兴趣的只是无聊的数学,那么你可能擅长的只是无聊的数学。

注记: 本文的某些评论即取自布卢姆(Benjamin S. Bloom)主编的《培养青少年的天才》(*Developing Talents in Young People*, Ballantine Books, New York, 1985)一书。

肯尼思·里贝特
(Kenneth Ribet)

代数数论，代数几何

加州大学伯克利分校，数学教授

我父亲是注册公共会计师。在计算机和电子表格兴起之前，他常常在餐桌上一连几个小时地累加一长串的数。当我还是小男孩时，父亲就教我（带进位的）加法。不久以后，我从他那里学会了减法、分数和小数的秘诀。也许这就是我从小就迷恋数字的原因。无论如何，我很高兴在入学之前就能够做算术运算。长大一些后，我花了很多时间读一本数学复习书，这是伴随着我父母的大学课本一起被发现的。

一直到中学，数学都是我最擅长最喜欢的科目。初一时我参加了数学兴趣小组，高中以后成为学校数学兴趣小组的组长。我喜欢智力游戏和问题，但我绝非个中高手。比我高一年级的男孩，拉比诺维茨（Stanley Rabinowitz），对于所有问题绝对是一个佼佼者。他教给我平面几何中的神秘定理，我作为秘密武器在数学竞赛中运用。拉比诺维茨成年以后创立了数学问题出版社，一个专门出版数学问题书籍的出版公司。

初中结束后的暑假,我参加了布朗大学校园里的一个科学计划。我从一位工程学教授那里学到了微积分,并且爱上了布朗大学。作为高中生,我重温了一遍微积分,那年结束时,当我理解了课本上的ϵ-δ论证时,我感觉对微积分已经游刃有余。在我被布朗大学录取以后,斯图尔特(Frank M. Stewart)教授寄给我一组问题作为他的大二优异生课程的入学笔试。对ϵ和δ的熟练掌握使我取得了资格。

走进斯图尔特的课堂的那天,我的魂被抽象数学勾住了。来到布朗大学时,我对成为大学教授意味着什么只有一个模糊的想法。我喜欢我的数学教授,我希望能够成为像他们一样的人。在布朗大学期间,我受到了两位杰出人物——罗森(Mike Rosen)和爱尔兰(Kenneth Ireland)——的指导。爱尔兰乐于给我建议:他准确地告诉我应该念什么[韦伊(André Weil)的论文]和应该去哪里["去哈佛跟泰特(John Tate)做研究"]。

我确实去了哈佛,并与泰特一起做研究。作为哈佛的研究生,我学习了算术几何这门学科,并且从来没有畏缩过。首先是作为学生,之后是作为活跃的数学家,我一直都有幸受到这门学科的一些巨人的指导。在本书的其他地方你将看到这些巨人的照片。

珀西·迪亚科尼斯
(Persi Warren Diaconis)

概率，统计，魔术师

斯坦福大学，玛丽·孙塞里(Mary V. Sunseri)讲座教授

我出身于一个职业音乐家家庭，曾经练过 9 年的钢琴。我很早就完成了高中学业，14 岁就入学纽约城市学院。此后不久，当时美国最伟大的魔术师弗农(Dai Vernon)邀请我与他一起巡演。我甚至没有告知父母就离家出走了，开始了一段非常有趣的流浪生活。我非常喜欢玩魔术而且长于此道。我喜欢发明新的魔术并教别人玩。大概 8 年之后，一个朋友给我推荐了费勒(William Feller)的一本概率书①。我无法理解它，因此回到了校园。不到 3 年我就毕业，获得了数学学位，并被哈佛大学接收为统计方向的研究生。在 1974 之前，我取得了博士学位，并成为斯坦福大学统计系的教员。

我仍然喜欢魔术，但最令我高兴的是，一个优美的数学思想遇到一个现实世界的问题，从而两者都"仿佛若有光"(illuminated)。例如，现

---

① 这里指的是《概率论及其应用》，共两卷，皆有中译本：第一卷，胡迪鹤译，人民邮电出版社，2006 年；第二卷，郑元禄译，人民邮电出版社，2008 年。——译者注

实世界的问题——一副牌需要洗多少次才能够洗匀，就与非交换傅里叶（Fourier）分析的一个神秘角落有关。我想理解洗牌，因此我学习了傅里叶分析。我和拜尔（Dave Bayer）证明了，对于一副 52 张牌的普通扑克①，洗七次牌是充分和必要的②。在研究中改变洗牌方式就需要新的群论。结果显示，新的群论在一个化学问题中非常有用，因此它被继续发展了。

时常如此，粗糙的工具被磨光和改进，看似遥远的问题被归并聚合，理论被召唤和发展，于是一小块领域诞生了。我与弗里德曼（David Freedman）合作的"可兑换性（exchangeability）"正是这种风味。这起源于一个哲学问题（当我们说一个事件发生的概率是 1/3 的含义是什么？）。沿着意大利哲学家和数学家德·菲内蒂（Bruno de Finetti）的脚步，我们仔细研究了许多特殊情形。厌倦于反复地证明同样的结果，一个抽象（而且也难以理解）的一般理论被发展起来。我并不为抽象而骄傲，但对内行来说，它是必要的成分。

我的统计学家身份与数学家身份的一个差别在于，作为统计学家，我希望看到结果的具体应用。密码芯片理论发展后，看到成千上万的密码芯片从生产线生产出来并装到了电视机上，真是令人激动。

我很幸运能够与卓越的大学（主要是斯坦福和哈佛）有往来。学生可以提出那些令我回首反思的"小儿科"的问题。当我回顾我所研究的领域——马尔可夫链（Markov chain）（洗牌的一个花式版本）的收敛速度、可兑换性、概率数论——我震惊于如此之多让我出名的工作实际上都是由我的学生（和他们的学生）完成的。不过有时候也是令人沮丧

---

① 国内所见的扑克一般是 54 张牌，包括大小王。大王是 19 世纪左右作为备牌引入的，而小王是在 20 世纪初才引入的。这里提到的是 52 张，可能是跟他们的具体玩法（不计大小王）有关。——译者注

② 关于这个有趣的结果，可见艾格纳（M. Aigner）和齐格勒（G. M. Ziegler）合著的《数学天书中的证明》（第 5 版）第 30 章，冯荣权，宋春伟，宗传明，李璐译，高等教育出版社，2016 年。——译者注

的。我现在写这篇文章时正参加一个会议,我的学术徒孙们报告了一些我所创造的想法却没有提到它们来自哪里。

现在我警醒到世界中发生着的一个剧烈变化:作为魔术师,我一生都保守秘密,可现在这些秘密通过互联网被永久性地暴露,其他秘密也脱离私人的笔记簿而进入公众的视线。魔术师职业的一个重要成分真的永远失去了。也许大量的曝光可以使精华得以四处流传,也许这可以教会大家分辨"假把式"与"好把式";但最可能的是,我一生所度过的秘密世界恰好走到了尽头。

我对理清这些混乱也有贡献,我与同是数学家与魔术师的葛立恒(Ron Graham)合写了一本书①。利用我们发明的技巧,我们曝光了一些魔术的秘密。我们采用的技巧同时具有真正的数学内涵。奇妙的是,从洗牌竟可以提出令两千多年以来的数学家无法回答的问题。

---

① Persi Diaconis and Ron Graham,*Magical Mathematics: The Mathematical Ideas That Animate Great Magic Tricks*,Princeton University Press,2011.有中译本,《魔法数学:大魔术的数学灵魂》,汪晓勤,黄友初译,上海科技教育出版社,2015年。——译者注

保罗·马利亚万
（Paul Malliavin）

概率，调和分析

巴黎第六大学，荣誉退休数学教授

我出生在法国的一个知识分子家庭，整个家族由于写书或是在国家的水平上行使政治责任，几代人都卷入政治当中。我对父母、叔叔和祖父母勇于奋战的一生具有最崇高的敬意；我经常看到他们在精心准备的政治提议最终被拒绝之后的醒悟。我选择数学的一个原因是，真理一旦被发现，就会立即出现在现实中。

1946 年我从巴黎大学文理学院数学系毕业。我有幸听了自 20 世纪初开始的法国学派中的大师的课程：博雷尔（Émile Borel）的积分论和埃利·嘉当（Élie Cartan）的几何学。1947 年，一个新的"法国革命"在巴黎兴起，它是由昂利·嘉当（Henri Cartan）和勒雷（Jean Leray）引导的。我还特别感激芒德布罗伊（Szolem Mandelbrojt），他指导了我的博士学位论文。

莫尔斯（Marston Morse）和伯林（Arne Beurling）曾邀请我访问美国的普林斯顿高等研究所（1954—1955 年和 1960—1961 年）。在那里

的逗留是一个有价值的契机,我与来自许多地方的数学家建立了长期的联系:最初是来自于普林斯顿、芝加哥、麻省理工学院、斯坦福和纽约的数学家,接着是来自于巴塞罗那、斯德哥尔摩、莫斯科、里斯本、京都、武汉、比萨和波恩的数学家。这些联系导致我成为《泛函分析杂志》(*Journal of Functional Analysis*)的创办者之一,至今它已经发行到了第 252 卷。

我完全相信数学的基本统一性,我认为我可以通过在看似极不相关的领域之间建立联系而做出贡献。1954 年,我通过发展关于分布的符号泛函演算而解决了关于傅里叶级数(Fourier series)的一个问题;1972 年,我通过结合埃利·嘉当的几何与伊藤清(Kiyoshi Itô)的随机过程理论开始了一个新的领域,随机微分几何;1978 年,我开始另一个新领域,变分的随机分析;2001 年,在利翁(Pierre-Louis Lions)的推动下,我在数理金融的背景下发展了变分的随机分析;去年(译者按:当指 2008 年),利用随机微分几何的工具,我研究了确定性不可压缩流体力学的经典欧拉方程(Euler equations)。

我的数学漫游因为在 30 岁被指定为全职教授而成为可能,这使得我能够有相对的自由来继续我的职业生涯。这个漫游的一个困难是,作为一个同仁而不是一个刚刚进入某个新领域的好奇的业余爱好者,其他人会怎么看你,你发表的东西需要得到严肃的对待。我要深深地感谢斯特鲁克(Daniel W. Stroock),他支持了我的变分随机分析,在他的大量相关工作中,他将变分随机分析命名为马利亚万分析(Malliavin calculus)。最后,我总是非常小心地将我的科学活动与政治或地理的考虑分开,这让我感觉到数学是一门普适的真理。

威廉·马西
（William Alfred Massey）

应用概率论，随机过程，排队论

普林斯顿大学运筹学与金融工程系埃德温·威尔西（Edwin S. Wilsey）讲座教授

我的母亲朱丽叶·马西（Juliette Massey）与父亲老理查德·马西（Richard Massey Sr.）都是教育工作者。母亲来自于田纳西州的查塔努加（Chattanooga）；父亲来自于北加州的夏洛特（Charlotte）。他们两个相识于密苏里州杰斐逊市的林肯大学，那也是我出生的地方。当我的母亲用塑料制成的数字和撕下来的旧日历给我当玩具时，我第一次对数字着了迷。

在我四岁时，我们搬到了密苏里州的圣路易斯市。在那里，在后人造卫星时代（post-Sputnik era），我步入了学龄。五年级时的一个天才计划引领我走进欧几里得几何与不同基底的数系的世界。对绘画和书法艺术的喜爱有益于我对透视和比例的理解。发现只用一把直尺和一个圆规就能画出正六边形，我兴奋极了。初一年级时，我参加了一个涉及抽象推理的考试，这些内容我在后来的高中代数课程中才接触到。

在那次考试中,我不仅获得了第一名,而且成绩在全班遥遥领先。就在那时我知道了,我要当一名数学家。我在大学城的圣路易斯郊区开始了高中生活。在那里,我学习了三角学、向量的点积与叉积、单变量的微积分,以及包含有散度和旋度的多变量微积分。随着对数学概念在化学和物理学中的重要作用的理解,我对这些知识的掌握更加全面。

我作为一个研究者真正理解数学是从普林斯顿大学的本科学习开始的。我专攻了抽象代数和数论,同时掌握了实分析、复分析和泛函分析。为保持我对科学的兴趣,我还坚持修了四年的物理课程。以优异的成绩从大学毕业后,我获得了竞争激烈的贝尔实验室奖学金,这个奖学金是为了增加科学专业的少数民族博士数目而创立的。它为我在斯坦福大学攻读数学博士学位提供了学费。

读研期间在贝尔实验室度过的几个假期里,应用数学的世界向我打开了大门,我1978年在那里写出第一篇研究论文。在那里,我对排队论产生了兴趣。排队论是应用概率的一个分支,是为研究电话系统的设计与行为分析而创立的。排队论从数学上给出定理、公式和算法工具,帮助通信工程师和商务管理人员基于数据而做出战略决策。1981年获得博士学位后,对通信领域中数学的兴趣,促使我作为技术人员在贝尔实验室的数学科学研究中心做全职工作。

对我来说,能在贝尔实验室工作是双重的幸运。贝尔实验室是通信工业研究领域的顶级研究中心。此外,在20世纪的后三十年,贝尔实验室中有非常多的非洲裔美籍数学家。这给在这里工作的少数民族科学家和工程师营造了一种目标感和职业成就感,就同哈莱姆文艺复兴运动(Harlem Renaissance)①之于非洲裔美籍艺术家和诗人一样。在2001年离开贝尔实验室时,我接受了普林斯顿大学运筹学与金融工程系的威尔西讲座教授职位。

---

① 又称黑种人文艺复兴或新黑种人运动,20世纪20年代到经济危机爆发这十年间美国纽约黑种人聚居区哈莱姆的黑种人作家所发动的一种文学运动。

作为数学家,我做出了很多原创性的贡献,发展了动态排队系统理论。经典排队模型假设呼叫率是一个常数,所以采用关于时间齐性的马尔可夫链的静态平衡分析方法。然而,实际中的通信系统的呼叫率随时在变化,因此需要对含有时间变量呼叫率的排队模型做大尺度分析。为处理这一问题,我在斯坦福大学的博士论文中首创了称为"匀加速"的方法,这是一种用于分析关于时间非齐次的马尔可夫链动态的渐近方法。此外,在对排队网络的研究中,我提出一种新方法来对多重马尔可夫过程进行比较,即将这些马尔可夫过程看成偏序空间上的随机排序。最后,在我引用率最高的一篇文章中,我提出一种算法,对含有时变需求的电话呼叫中心,找出了动态最优服务的工作时间表,并申请了专利。在另一篇引用率很高的文章中,我对提供负载流量的无线通信网络建立了时空动态模型。

哈罗德·库恩
(Harold William Kuhn)

博弈论，数理经济

普林斯顿大学，荣誉退休数理经济教授

年纪越大我就越相信，我们的人生是由偶然事件和其他人的影响所控制的。我自己的人生就肯定了这一论点。我将谈谈我的人生履历。

我的数学生涯应该始于我的电器行老师、南中央洛杉矶的福希初中的布罗克韦（Brockway）先生。我 11 岁时他教给我对数的奇迹，并让我解决一些问题——设置（单极和双极）开关从而以一种复杂的方式控制照明。这些"谜题"本质上是那种在我的所有研究中起着中心作用的组合问题。布罗克韦先生同时兼职为好莱坞影棚提供高仿真、播时长的音响设备，给了我要做无线电工程师的抱负。

在手工艺术高中，我们从一个事实——在大萧条中，教师是稳定的工作——中受益；因此我们的高中教师具有化学或物理方面的博士学位。而且，正是我的物理老师帕登（Paden）先生带我去参观加州理工学院的科技展览，并让我埋下了种子有一天要去加州理工学院当电气工程师。我有加州大学洛杉矶分校保底，那里接收加州任何一个平均

等级在 B 以上的高中生。但洛杉矶分校有一个缺点,作为政府拨地建立的大学,要求学生参加后备军军训,这一点非常令我讨厌。

因此,1942 年秋天我成为加州理工学院的 160 名新生之一,同时也是唯一一个不住校的新生。原因很简单:我的父母很穷,无法负担我在加州理工学院的食宿开销,因此他们搬到了帕萨迪纳并在校园附近租下了一所月租 25 美元的房子。我父亲在 1939 年患上了严重的心脏病,整个家庭的年收入是来自于一项残疾保险政策的大约 1 200 美元。我的父母上学都不超过小学五年级,因此我的学术抱负在他们看来就是一个奇迹。在加州理工学院念大三的中期,当我 1944 年 7 月应征入伍时,我从一个电气工程师转换成主修数学与物理的双学位。

完成步兵团的基本训练以后,我在日本取得了军队专业培训计划的资格,并被派遣到耶鲁大学。教过我几门课的贝尔(E. T. Bell)将我介绍给奥尔(Øystein Ore),奥尔允许我去听他给研究生上的抽象代数课。同一时期,加州理工学院的一个和我一起应征入伍的朋友,劳赫(Earnie Rauch),由于身体原因而退伍,已经转到了普林斯顿大学完成他的本科数学学位。我设法从耶鲁骗得一周的假去拜访他,于是坐在了阿廷(Emil Artin)、舍瓦莱(Claude Chevalley)与博克纳(Salomon Bochner)的课堂上,这让我坚信普林斯顿就是数学研究生求学深造的天堂。

1946 年退伍以后,我回到加州理工学院,1947 年 6 月完成了本科学习。那时我已经很清楚,数学就是我的使命。博嫩布鲁斯特(Frederic Bohnenblust)在加州理工学院的出现进一步强化了我的感觉,他曾被外尔(Hermann Weyl)带到普林斯顿。博嫩布鲁斯特给加州理工学院的数学带来一阵清风,他为 20 世纪初受阻的英格兰风格的分析提供了一种现代的观点。他还支持我申请去普林斯顿念研究生,某个周末他徒步走到我家里(家里很穷,没有装电话),邀请我去他家会见莱夫谢茨(Solomon Lefschetz),当时普林斯顿大学数学系的系主任。

　　于是,沿着这条充满偶然的曲折道路,我最终被引向了我作为数学家的真正训练。然而,机遇在我的职业塑造中再一次发挥了作用。当我跟着福克斯(Ralph Fox)做群论方面的博士学位论文,利用拓扑的方法来证明一些代数的结果时,我与塔克(Al Tucker)和研究生盖尔(David Gale)合作了一项暑期项目,来研究刚刚诞生的博弈论与线性规划之间的关系。这个项目确定了我的后续学术生涯的方向,它以数学对经济学的应用为中心。

　　每个数学家都有其"最钟爱的孩子"。在我而言,他们是:将扩展式博弈用树(tree,数学中的一个概念)的术语来表述、匈牙利人方法、逼近不动点的转轴方法,以及代数基本定理的一个初等证明。所有这些都是组合问题,因此跟我在 11 岁时遇到的开关设计问题属于同一种类型。

阿维·维吉森

（Avi Wigderson）

理论计算机科学，复杂性，密码学

阿贝尔奖（2021 年）

普林斯顿高等研究所，数学教授

我在以色列的海法长大，从居住的小公寓里可以俯瞰地中海。我的父亲是工程师，他很喜欢数学。他非常有兴趣教我们三兄弟学数学，相比而言，我是最感兴趣的。我们花了很多时间解决俄罗斯旧书上的习题和谜题，这些书是他在二战结束后带到以色列的。

在学校我乐于学习一切科目，特别是很早就喜欢学习数学。服兵役结束后，我选择在以色列理工学院主攻计算机科学。一个更自然的选择是数学，但父母认为学习一些具有实际工作前景的东西更好。那时我还没有考虑过学术生涯。我成长的地方周围都是体力劳动者，儿时的我对学术没有丝毫了解。

幸运的是，计算机科学专业除了包含编程课和系统课以外，还有许多数学课和计算机科学理论课，这都是我喜欢的。像班上的许多顶尖学生一样，我申请了美国的博士学位计划。我来到了普林斯顿研究生

院学习计算机科学。只是在那时,研究和学术生涯的概念才清晰起来,并且特别吸引人。我知道,这就是我这一辈子想做的事情。

我在理论计算机科学中发现了一个完美的研究领域,那就是计算复杂性理论,它是一个极其年轻的数学分支,仅有几十年的历史。这个领域充满了挑战,有许多基本的未解决的问题,也有许多有天分的年轻而富有激情的研究者。而且,新的问题不断地从外部——需要模型化的新技术和需要有效解的计算上的挑战——提出来。

为了对我和我的同事遇到的问题类型有一个大致的了解,你只需想想,你的计算机和身体(特别是你的大脑)如何能如此有效地完成困难的任务。在计算机方面——地图查询如何如此迅速地找出两点之间的路线,谷歌(Google)如何在一眨眼之间从你搜寻的海量信息中锁定目标等。快速的硬件通常只是一个次要的因素,主要的因素在于,计算机科学为这些问题所开发的极其聪明的算法。在人类方面,我们的身体如何抵抗疾病、折叠蛋白质、识别面孔、记忆东西? 这里的算法在几百万年的进化中由自然所发现,而科学家正尝试着首先将这个计算机平台模型化,然后还原这些聪明的算法。

相比于找出重要问题的有效算法,一个更大的挑战是,证明对其他一些重要问题,这样的算法根本不存在(即证明这些问题天生就是难以对付的)。现在尚未从完全一般性的观点应对这个挑战。某个给定的问题被证明是困难的,这不一定是坏消息,纵使你自然的反应确实如此。计算机科学家已经发现了利用困难问题的有独创性的方法,例如,用于计算机安全。今天几乎所有的电子交易都是基于某个计算机问题的困难性的假定。但它真的很困难吗?

计算机思维对生物与物理的科学理论是重要的,对像保密、学习、随机性这样的基本问题也是重要的。理解这些智力挑战以及计算机本身,将让我们忙上许多年。对我而言,在一个如此深刻、优美、重要而有活力的数学领域内工作,是取之不竭的快乐源泉。

阿利·彼得斯
(Arlie Petters)

数学物理，光与引力

杜克大学，数学物理教授

想象在瑰丽的星空中，群星如同一颗颗宝石在天空中闪闪发亮。这就是我童年在中美洲小镇——伯利兹的香格里拉——所见到的夜景。我常常追问关于宇宙的问题，而且经常令我的长辈担忧我的痴迷：空间是否有尽头？宇宙如何形成？我们为何存在？上帝存在吗？对宇宙的深刻的美与神秘的早期探究，一直支配和引导着我的智力旅途。

14 岁时我移民到美国。我在布鲁克林的卡纳西高中读了两年之后，怀着学习爱因斯坦理论的目标，去了纽约城市大学亨特学院。在亨特学院，我参加了一个面向优秀本科生的为期五年的数学本硕连读项目，同时我主修了物理，并辅修了哲学。我在大学第一年就被贴上了窘迫的标签，威奇（Jim Wyche）教授帮我申请了奖学金而解决了我的经济困难。虽然我剩下的大学时光投入于为广义相对论奠定一个坚实的基础，我也确实腾出时间来练习举重、跳舞、约会，并与具有各种不同国籍和种族的学生交往。这些经历就像一尊个体文化大熔炉。

从亨特学院毕业之后，我来到麻省理工学院攻读数学物理的博士学位。我的研究由贝尔实验室合作研究奖学金（仅面向少数民族学生）资助。事实上我的研究生时期分为两个阶段，我有两个导师：麻省理工学院的数学家科斯坦特（Bertram Kostant）和普林斯顿大学的天体物理学家斯佩格（David Spergel）。

从我进入研究生院的那一刻起，我就详细地规划了我想在前两年掌握的数学工具和物理工具。我坚持不懈地培养能力，期望达到以下目标：能在数学洞察力与物理洞察力之间自由转换，能够以严格证明平衡弥补启发式论证；能在冗长的专业计算的密林中前行，并充分利用分析和软件技术；能展开高度抽象的数学推理，它也许能够揭秘惊人的普适的逻辑真理；能辨别出一个数学定理是否优美，是否具有自然的美学平衡。

1991年我从麻省理工学院取得了博士学位并在那里教了两年书。之后我在普林斯顿大学当了五年助理教授。1998年我来到了杜克大学，现在我是这里的数学物理教授。一路上我荣获了许多奖章和荣誉，对此我非常感激。这些成就帮助我激发了美国和伯利兹的许多年轻人去追求数学和科学事业。

我研究引力如何作用于光，是一种以引力透镜著称的效应，爱因斯坦首先考虑了这种效应。我研究了光在穿越一些星球时的效应，引力场引起的宇宙阴影，黑洞引起的光的偏转，宇宙的额外维度的可能性，而最近所研究的问题与宇宙监督猜想有关，它考虑的是当我们考察奇点——当代物理对此无能为力——时发生的问题。我喜欢跨学科的研究，特别是由光和引力的研究产生的数学、天文学与物理学之间的合冲。

我将以对一个我常常问的问题的评论做结尾，这将我们带回到本文的开头：你是否相信上帝？上帝、爱情、沉思和祷告，是我日常生活的一个完整部分。科学方法是一个强有力的工具，我也将它以非教条的方式整合到我的世界观中。就像任何工具一样,科学方法也有它的局限性:它用来回答"如何"而非"为何"的问题,而且即使在"如何"的领域内,它也不能回答全部的问题。因此,科学方法固然重要,但它只与人类处境的一部分实际相关。如果我装作好像科学能够接近和解决存在的一切深刻奥秘时,请你将我拧醒!而当我被唤醒时,请你友好而宽容地提醒我:我只是一个凡人而已。

英格里德·多贝西
(Ingrid Chantal Daubechies)

应用数学，小波

普林斯顿大学，威廉·凯南（William R. Kenan, Jr.）讲座数学与应用数学教授

　　我出生在比利时的煤矿区并在那里长大。因为学习的是理论物理，所以我没有获得任何数学学位。我的研究工作最初是从数学物理开始的，主要涉及应用于物理或由物理问题产生的基础数学问题。在获得博士学位后的几年中，我转而喜欢上了应用数学，它不仅能使人理解周围的物理世界，而且能使人理解创造事物的技术方法。数学分析引领你创造各种不同的事物，而非仅仅学习业已存在的世界。

　　在研究方向改变后，一些有趣的事引起了我的注意。我曾参与创立小波基函数——一种分析数字信号与图像的新方法，并意识到这样一个事实：人们往往会将新的数学概念看成是创造出来的，也即看成是最先发表这些概念的数学家创造的。这种看法与大多数（纯）数学家的看法不同。在大多数数学家看来，自己的工作更像是一种"发现"，发现未知领域；他们强烈地感觉到"它"已经存在于某处，而他们只是发现

$$x^{n+1} := \underset{z \in \mathcal{J}(y)}{\arg\min} \sum_{\ell} z_{\ell}^2 \frac{1}{\sqrt{(x_{\ell}^n)^2 + \varepsilon_n^2}}$$

$$x := \underset{z \in \mathcal{J}(y)}{\arg\min} \sum_{\ell} |z_{\ell}|$$

$$\operatorname{supp} x = T$$

$$\ell \in T, \; n \text{ suff. large} \implies \operatorname{sign}(x_{\ell}^n) = \operatorname{sign}(x_{\ell}) = \sigma_{\ell}$$

了"它"。这引发了我的思考。我非常理解"纯"数学家的想法，因为我自己就曾有同样的感觉：为最终明白一个完整的体系能够解释之前的许多观察而感到神奇。在我之前所做的工作中，我体验过这种感觉，我想很多数学家也会认同，那些工作是一种"发现"。我在小波方面的工作中也有完全相同的感觉——不过，多数数学家认为这方面的工作是"创造"而非"发现"。这一困惑使我想要找到这两个数学领域之间的分别，但目前我还没有找到，而且我认为根本没有什么分别，因为所有的数学都是创造出来的。这一创造是我们为了认识世界而进行的。我甚至可以说，数学思维是我们对所观察的事物进行逻辑思维的唯一方式。我们还可以通过其他方式与世界进行交流互动，以感知世界——这些方式更多地涉及情感和感官上的愉悦，并由此产生诸如爱和艺术等其他美好的事物——而当我们想要进行逻辑思维时，从根本上说我们还是会回到最本质的数学。所以我并不很赞同伽利略的说法：自然之书并不是用数学语言书写的；而数学语言却是我们所知道的能够合乎逻辑地解释自然的唯一语言。我们喜爱逻辑思维这种思维活动，我们从对事物的理解中获得快乐。这也是诸如数独谜题和魔方这类数学游戏广受欢迎的原因。这并不是说每个人都同等程度地喜欢极其高深的数学，喜爱数学、擅长数学以至于成为职业数学家有点像成为专业运动员——不是说你必须要具备"理解"数学的特殊才能，正如即便你不是专业运动员也不妨碍你热爱体育运动。

我研究过的很多问题都在某种程度上揭示出这样一个事实：我们要寻找的目标或解的描述往往是"稀疏的"。也就是说，对于一个特定目标，你有一大堆问题可以问，而且你知道，只要得到其中少数几个（如十个）问题的答案，就可以完全确定该目标的特征，但这十个问题必须是"能确定目标的"那十个。你无法预知哪些问题就是"那十个"问题——它们可能只是所有问题中的某一小部分。于是，对目标的确定可以转化为能否预先找到固定的一组（如二十个）问题，以使你对任意未知的"稀疏的"目标，不论它的那十个问题是什么，都能通过这二十个问题的答案得到其精确描述。计算机学家已经知道如何求解某些这种类型的问题，并将其付诸应用，比如因特网搜索引擎的算法设计。现在，这项技术得到了进一步发展，我们可以收集比我们能处理的更多的测量结果，同样类型的不同问题出现在许多其他领域。目前我和我的学生正在参与 3 个合作项目，分属于地球物理学、生物学和神经科学这 3 个完全不同的领域，但都遇到了上述类型的稀疏问题。因此，研发能够快速求解这类新型问题的算法是非常重要的。为了证明这些算法能够收敛到你感兴趣的所有可能解，所要用到的数学知识与以往所用的应用数学大不相同。因此，我必须学习掌握全新的思维方式。这也正是我对应用数学尤为喜爱的一点：从某种程度上说，你要解决的问题本身决定了你要学习数学的哪些分支，所以你总是要学新的知识。这也正是我所享受的：学着为新的难题竭尽心力，学着对新的模式了如指掌。

译者插语：Daubechies 也被译成道比姬丝。

罗杰·彭罗斯
(Roger Penrose)

数学物理，几何

沃尔夫物理学奖（1988 年），诺贝尔物理学奖（2020 年）

牛津大学，劳斯·鲍尔（Rouse Ball）讲座教授

我对数学的最初感觉受到了父亲很大的启迪，他是一个内科医生，专治精神错乱的遗传病，后来他成为伦敦大学学院的人类遗传学教授。他是贵格会①信徒，而他的父亲是一个职业艺术家。他非常喜欢解谜题、下棋、画画、音乐、生物学、天文学和数学。我还记得与他在乡村的许多次漫步，相伴一起的还有我的母亲、我的哥哥和弟弟——后来还有我的小妹——这给了他机会向我们解释大自然的一切。

我的哥哥和弟弟都是象棋高手[在全英象棋比赛中，弟弟乔纳森（Jonathan）10 次荣获冠军]。有好几次跟父亲、兄弟一起散步，他们都在下盲棋。那是国际象棋的一种，叫作西洋军象棋（Kriegspiel）。下棋的双方——我的两个兄弟——只知道自己棋子的位置，他们需要

---

① 英文是 Quaker，是基督教新教的一个派别。——译者注

通过哪里可以走棋、哪里不可以走棋来推测对方的棋子位置。只有裁判——我的父亲——才悉知双方棋子的分布。我的工作只是跑来跑去，把哥哥或弟弟走的棋告诉父亲再回来，不用动脑子，却很需要一些体力！

虽然父亲的工作需要数学（主要是统计），但给我深刻印象的是他对这个学科的喜爱。在很小的时候（大约十岁），我从他那里学到了正多面体和半正多面体，而且我们做了许多模型。我 16 岁时发生的一件事令我特别惊讶。我告诉父亲，我们的中学数学老师明天将要开始教微积分。父亲听完后看起来有些忧虑，立即将我叫到一旁，为我熟练地演示了微积分的本质和优美。我想给我印象最深的是，他渴望成为那个将这门课程的深刻优美展现给我的人，我由此知道了数学的这门课程是何等的值得珍视。令人哭笑不得的是，当我后来决定（在伦敦大学学院）学习数学时，他一开始是反对的，因为他认为这个职业只适合于那些在其他科学领域毫无特长的人！

后来我来到了剑桥大学攻读纯数学（代数几何）的博士学位，但在那里我受到了邦迪（Hermann Bondi）的广义相对论和宇宙学课程、狄拉克（Paul Dirac）的量子力学课程的启发，受到了西阿玛（Dennis Sciama）的热情友谊的激励，从而转向了理论物理。受剑桥大学的环境以及父亲和兄长奥利弗（Oliver）的影响，我对物理问题培养起一种也许是极其个人化的观点。尤其吸引我的是爱因斯坦用弯曲时空的观念表述的广义相对论，并且我开创了几何技巧来证明，现在我们称为"黑洞"的区域内不可避免地要出现奇点（这种情形是如此异乎寻常，以至于当代物理学在它面前不得不"举手投降"）。

几何思想对我引入扭量理论是至关重要的，它从一种不寻常的视角来分析时空和量子力学。几何思想对于我后来对宇宙学提出的一些观点也是至关重要的。

对我来说，画图一直非常重要，不论是在做研究还是阐述问题时。

这帮助我发现了一些几何形状可以不重复地填充整个平面(有时被称为"彭罗斯瓷砖"),下图就是一个例子。

罗伯特·陶尔扬
(Robert Endre Tarjan)

理论计算机科学

图灵奖(1986 年)

普林斯顿大学詹姆斯·麦克唐奈(James S. McDonnell)杰出计算机科学教授,惠普实验室资深研究员

　　我 1948 年出生在加州的波莫纳。我父亲是一所为生理残疾病人服务的州立医院的院长,直到上大学之前我都住在医院的家属区里。病人非常友好,但学校的孩子常常取笑我,因为我很聪明却住在周围其他人都有毛病的地方。小时候通过阅读科幻小说,我对科学特别是天文学发生了兴趣。我的目标是成为第一个登陆火星的人。在初一时,我读到了加德纳在《科学美国人》上关于数学游戏的一些文章。他的文章启发了包括我在内的许多人对数学的兴趣。在公立学校的初二和初三,我有一个优秀的数学老师,在新数学盛行(后来又不盛行)之前,他以自己的方式尝试新数学。他教给我们形式数学,包括公理和证明,我发现它们非常令人兴奋。

　　作为高中生,我参加了一个暑期科学计划,计算了小行星的轨道。

这使我对计算机有了一些了解,此前在州立医院的研究实验室帮忙时我曾接触过计算机。那时的计算机与冰箱差不多大小,利用打孔纸带或穿孔卡片来编程。编程首先接触到的是 Fortran 汇编语言,这是一门早期的计算机高级语言。不幸的是,我们必须在一个打字机大小的机械计算器上做轨道计算,每一次操作都很痛苦。

我来到了加州理工学院念本科,主攻数学。我申请了不同研究生院的计算机科学和数学专业,最终去了斯坦福,攻读计算机科学的博士学位。我原本计划研究人工智能,但实际上研究了组合算法的设计与分析。此后我一直在这个领域内工作。

我的工作目标是为计算机解决各种计算问题设计一步紧接一步的诀窍(算法)。在研究的问题中,所求结果涉及的数字的数目要少于输入数据的模式和排列方法的数目。一个例子是,在一个道路网络中寻找从点 A 到点 B 的最短路径。道路网络的结构是问题最重要的部分:路径的长度只是对组成该路径的各段道路的长度简单求和。解决这个问题的一个方法是,列出所有可能的路径然后选出最短的一条。但对于一个任意大小的道路网络,存在太多可能的路径,因此这个方法对最快的计算机也行不通。一个可选择的、快得多的方法是贪婪地搜索这个网络,从点 A 出发,下一步总是找离 A 最近的一个点,一直找到点 B 结束。要使得这样一个搜索有效,需要记录已经达到的各个点与其邻近点,以及它们之间的距离。我和我的一个同事开发了一个特别有效的方法来做这件事。

为解决像这样的问题,你需要组合正确的算法设计并且谨慎地将数据结构化:用于解决这个问题的信息必须储存在计算机上使之很容易获取,并在求解过程启动时很容易更新。不同的问题有不同的数据结构要求,但过去 50 多年里许多人的研究揭示了问题中的一些共同主题,而且造就了对算法设计和数据结构的景观的一个多层面的理解。算法性能分析变得非常成熟,而且利用了来自数学的许多分支的工具。

即便已经有了所有这些进展,算法设计和分析的领域依旧非常令人振奋。短期内我看不到会缺乏有趣的问题。

现在,我的时间分配在普林斯顿大学与惠普公司之间。这给了我一个机会离开学术的象牙塔到现实中去历练。大学给了我机会与聪明而热切的年轻人一起工作,向他们传递我这个领域的绝对美妙,与他们分享发现的兴奋。另一方面,工业研究提供了机会让我的想法转移到现实世界——检验什么方法在实际中有用,理论需要如何改变以更好地适用于实践。工业也是提供需要求解的新问题的一个丰富来源。我的目标一直是,开发由理论支撑并在实践中简单而有效的方法——简言之,开发优美的算法。

大卫·布莱克威尔
(David Harold Blackwell)

数理统计

加州大学伯克利分校，荣誉退休教授

我在伊利诺伊的一个称为森特勒利亚的小城长大，那里的主要工业是铁路建设和煤矿开采。森特勒利亚的所有黑种人在 1912 年或 1919 年来到这里，作为伊利诺伊中心铁路公司的员工代替了之前的罢工者。我父亲在铁路公司上班，我从小就有反对工会的偏见，因为那个地方给了我父亲第一份工作①。

虽然班上总是有三四个女生领先于我，但我一直是班上最聪明的男生。只有数学是我比班上其他任何人学得都要好的科目。高中时我特别喜欢几何。选择一个（仅仅是想象中的）三角形并放到另一个三角形上，来看看它们是如何衔接的，这种想象是一件美妙的事情。这与我之前遇到的任何事情完全不同。在数学中，你发现真实但并不显然的东西。

---

① 根据玛丽安娜·库克在普林斯顿大学出版社的编辑卡恩（Vickie Kearn）的回函，这段话可这样理解：工会成员如果罢工就有可能被人取代，而森特勒利亚的所有黑种人都是这些罢工者的取代者，包括布莱克威尔的父亲。为免除失去工作的危险，他父亲自然不会参加工会，这也使得布莱克威尔从小就对工会没有好感。——译者注

　　大人喜欢拍着我的头问我,长大以后想做什么样的人。我发现,如果我告诉他们我想做教师,他们会很满意并很高兴地离开。我自己也开始相信这一点,特别是当我父亲的一个朋友说他可以在我大学毕业后给我一份教学工作之后。教师的工作是很解决问题的,因为那是在20世纪20年代和30年代早期,谋得一份工作非常重要。我打算当小学教师。在伊利诺伊大学,我主攻数学并决定要当高中数学教师而不是小学教师。在学校时我不断地调整我的想法,最终决定要当大学数学教师。在毕业以后,我部分正确地认识到,我唯一的机会是一些黑种人学校。在1940年,全美一共有105所黑种人大学。我写了105封求职信,收到了3封录用书。我没有考虑黑种人学校之外的学校,那是作为黑种人与众不同的主要方式。我的头三份工作都在黑种人大学。之后我来到了伯克利,此后一直在这里。我非常享受教学。

　　我也做了相当多的研究。我并非有意要去做研究。我开始是学习并喜欢理解别人做的东西。但有时尝试理解别人做的东西时,你在某些东西上会有不同的观点,而且会遇到一些没有被回答的问题。你开始去探索。我写作并发表了大约80篇研究论文。我想每一篇都有不同的动机和重点,虽然除了6篇以外其他的全部是关于概率的。

　　70岁时我从教学岗位上退休了。如果允许继续教课,我还会这么做,但那将是一个错误。因为我的思维能力和精力在衰退。能认识到什么时候应该见好就收是明智的。有一天我偶然翻到我的一篇旧论文,我发现我已经不能理解它了。我想:"喔,这伙计真棒!他怎么能想到那个呢?"心智变化了。当我看到我曾经做的一切,我很感动。我曾经非常幸运。

跋

　　这本书的产生源于我与玛丽安娜·库克和她的丈夫汉斯·克劳斯（Hans Kraus）的机缘巧合之下的一次美妙相遇。我们一见如故！玛丽安娜送给我一本她已出版的著名科学家的相册[①]，而我立即问她是否愿意为数学家也出一本相册。她喜欢这个想法！

　　大数学家通常被认为与其他人完全不同，但他们也是与其他每个人一样的人。我想，为了成为一个大数学家，你可能确实需要有所不同：在某种意义上专注的能力，不为你周围的环境所干扰，对可能会被别人贴上"疯子"的标签要有所准备。然而，他们仍旧是正常的人，也结婚、建立俱乐部、选举、推着孩子荡秋千。他们如何与众不同呢？我们又如何分辨？这本漂亮的书回答了一些这样的问题。在这些相片中，你可以看出数学家与我们如何相似，他们每个人又如何不同。从他们的表达和姿势中你可以对每个人的性格得到一瞥。相片和文字一起给你关于每个人的独特品格的一个想法。这些文字或者是由数学家本人认真写的，或者是由玛丽安娜基于对他们的个人访谈精心整理的。这

---

　　① 即 Mariana Cook 的 *Faces of Science*（《科学的面孔》），W. W. Norton and Company，New York，London，2005。——译者注

些文字各不相同,而且每一篇文字都抓住了一些特别的东西。

我邀请玛丽安娜拍摄这些照片有许多原因。我一直喜欢数学。我喜欢思考问题。事实上,问题抓住了我而我无法挣脱。我为问题一直痴迷,直到最后找出答案。我喜欢看到事物之间的联系。我情不自禁。看起来这是我天生的本性。我一直就知道我会在大学主修数学。我从哥伦比亚大学开始,在普林斯顿大学结束。在普林斯顿,有许多传奇人物和许多"你相信这个吗?"的故事。托塔罗(Burt Totaro)是普林斯顿大学录取的年纪最小的本科生,而米尔诺(John Milnor)赢得了所有的数学奖项。还有费弗曼(Charles Fefferman),他拿到普林斯顿的终身教职时才 24 岁! 恰如棒球明星或摇滚明星对其他人一样,这些人在我心中也是高山仰止。我有时候好奇,他们身上的什么东西让他们比我看得如此深远。我曾与韦伊(André Weil)度过了一个下午,他革新了代数几何这一领域,当我问及他成功的秘诀时,他说:"那时虽年少,可惜心已老,童蒙本无邪,我早得证道①。"换言之,对于他如何做到的,他自己的了解比我并不多出多少。对双方来说,这都是个谜。

之后我去了医学院,然后做投资。我的大多数生涯在运营一个生物技术对冲基金。我为新产品是否会在临床试验中成功或取得食品及药物管理局(FDA)认证而赌博。我利用了在学数学期间学到的许多概念性思想来做分析。很多时候这一方法让我提前于数据得出了强有力的结论。在这些情形下,我可以下很大的赌注,在我经营基金的这13 年里,也确实取得了一些商业上的成功。然而,我内心深处一直有一个声音告诉自己,我想成为一名伟大的数学家,收入到本书中的这种数学家。我想,很多人跟我有着同样的梦想,我希望这本书将启发其他人从一个新的角度看看数学,从中看出它的发展可能和令人激动的东

---

① 此句原文是"at an age younger than I was supposed to be I understood things I wasn't supposed to be able to understand",由吴帆翻译成此偈语,特表感谢。——译者注

西。我们需要走出这样的陈词滥调：数学很"难"，而且只适合于少数特殊的人。

在这本书的形成过程中，许多极好的人都参与进来了。与其一一感谢每个人，我宁可将感谢送给整个团体，因为我知道你是明了的。谢谢！

布兰登·弗拉德(Brandon Fradd)

致谢

感谢布兰登·弗拉德提议我为数学家拍摄这些照片，并如此慷慨地支持这个计划。我在普林斯顿大学出版社的编辑卡恩（Vickie Kearn）的非凡热情保证了该书的完善和优美。伯恩（Debbie Berne）富有想象力，我们在书籍设计的所有阶段的合作给我很大乐趣。感谢我的助理史密斯（Trellan Smith）的无私帮助和一如既往的鼎力支持。最后，向我的丈夫汉斯·克劳斯和女儿埃米莉（Emily）致敬，感谢他们的鼓励和爱。

译后记[①]

提起当代数学家,也许最容易让人想到的就是电影《美丽心灵》的主人公原型纳什(J. F. Nash,1928—2015)了。影片中的纳什留给人的印象大概可以概括为:性格古怪、举止异常,痴迷于大脑中的抽象世界,而对身处的现实世界则漫不经心,仿佛来自虚空,不食人间烟火。

也许在许多人的心目中,纳什就是数学家的典型代表:如同世外高人一样高深莫测,甚至还可能有点神经兮兮。其实这只是一种误解,绝大多数的数学家都是正常的,即便是纳什本人,在现实生活中也是接地气的。

本书会帮你揭开数学家的神秘面纱,让你大开眼界,接触到当代的诸多大数学家,从而对数学家这个特殊群体获得更真切的认识。

两年前我借到本书的英文原版之后就爱不释手了,吸引我的不只是诸位数学家清澈深邃的目光,还有朴实的自述文字所传递出的心声,试听一听朗兰兹(R. Langlands)的这段独白:

---

① 本文曾发表于《数学文化》第 4 卷第 4 期(2013 年)第 98—99 页。感谢《数学文化》编辑部慨允译者将该文重印于此。译者略有改动。——译者注

> 最美妙的时光是在我只有数学相伴时：没有野心，无需伪装，忘怀天地。

这种境界乃是陶渊明"采菊东篱下，悠然见南山"的境界，这种情怀乃是"豪华落尽见真淳"（元好问对陶渊明诗的评价）的情怀。我等凡人，也许倾尽毕生心力也难以达到此等修为。

虽不能至，然心向往之。于是我想也许可以将这美妙的文字翻译成中文，分享给所有对数学和数学家感兴趣的朋友。这个想法得到了许多老师和同学的支持和鼓励，其中不乏一些知名的大数学家，更多的是数学圈外的朋友，数目之多难以一一列举。本书之所以能出版，我要特别感谢所有给过我们帮助的人，他们的汗水和智慧，成就了我翻译本书的梦想。

全书一共收入 92 位当代大数学家的照片，并辅以相应的自述文字回顾其生涯。虽然这些数学家遍布于世界各地，研究领域也各不相同，但从他们的文字中可以看出，数学家已在全球范围内形成了一个大家庭，恰如中国的一句古话所云，"四海之内皆兄弟也"。

数学家回顾生涯往往饮水思源，道出一些不寻常的人生经历。这在当初对他们而言也许只是偶然或运气，但对今天的我们却富有借鉴意义。他们的非凡经历往往发生在中小学时期——当然也有例外，例如对库恩（H. W. Kuhn）、卡茨（N. M. Katz）和张圣容而言，大学的影响要更大一些。他们或是受到了家里一位热爱科学的长辈的启蒙，如柯万（F. Kirwan）、泰特（J. T. Tate）、维吉森（A. Wigderson）、托塔罗（B. Totaro）；或是在学校受到了某位优秀的数学教师的激励，如拉克斯（P. D. Lax）、格里菲思（P. Griffiths）、莫拉韦茨（C. S. Morawetz）、瓦拉德汉（S. R. S. Varadhan）；或是受到一些卓越的数学通俗读物的启蒙，据译者统计，最有影响力的几本读物分别是马丁·加德纳（Martin Gardner）在《科学美国人》上的数学游戏专栏、哈代（G. H. Hardy）的

《一个数学家的辩白》、贝尔（E. T. Bell）的《数学精英》。当然，还有一些人天生就流淌着数学家的血液，例如昂利·嘉当（Henri Cartan）、迈克尔·阿廷（Michael Artin）、田刚、巴尔加瓦（M. Bhargava）。许多数学家都出生于具有科学或艺术背景的书香门第，如彭罗斯（R. Penrose）、费弗曼（Charles Fefferman 和 Robert Fefferman）两兄弟、布劳德（Andrew Browder，Felix E. Browder 和 William Browder）三兄弟，从小就在耳濡目染中对数学产生了兴趣；但也有一些数学家完全出身于引车卖浆之户，例如朗兰兹与库恩，他们的故事也许会令人备受鼓舞。

纵观全书，也许最值得注意的是，数学家对数学和数学研究的看法。对数学本身，许多数学家持柏拉图的观点，认为抽象的数学观念很实在，有形有色有生命。做数学研究绝不是言之无物的纸上谈兵，而是一种需要创造力和想象力的艺术创作。数学家常常将数学研究比作一种艺术创作，音乐、绘画或写作，但究竟更接近于哪一种，不同的人有不同的看法。例如，琼斯（V. F. R. Jones）、高尔斯（W. T. Gowers）和乌伦贝克（K. K. Uhlenbeck）认为数学研究有似于谱曲的音乐创作，拉克斯、丘成桐和麦克达芙（D. McDuff）认为数学创造更接近于描摹自然或抽象绘画，奥昆科夫（A. Okounkov）和米尔扎哈尼（M. Mirzakhani）认为做数学好比作诗或写小说，张圣容、巴尔加瓦和盖尔范德（I. M. Gelfand）则将数学、音乐与诗歌三者相提并论，而维涅拉斯（M. F. Vigneras）则一言以蔽之：

　　我感觉我不同于——比方说——我的邻居，但与史学家、作家、诗人和画家差别不大。

不过也有例外，纳什在自述中写道：

　　与作诗不同，数学思维是一种逻辑和理性思维。

虽然他的观点看似孤立于主流之外，但你要坚信他并非在胡言乱语——真正的数学家会很在意他写的每一句话的真实性和清晰性。纳什所强调的正是数学有别于其他艺术形式的一个特点：数学注重逻辑理性。这个特点也正是数学比其他艺术形式更难理解的原因所在：理解数学的不二法门是实践，是做数学、思考数学。对一段音乐、一首诗、一幅画或一张照片，你往往在瞬间就能获得某种感觉（它也许会令你感动或忧伤）；但对一个不那么平凡的定理或公式，即便是齐天大圣孙悟空大概也无法一眼看出更多的东西。

数学家在自述中偶尔会举具体的例子来说明数学之美妙，出现频率最高的是欧几里得平面几何，特别是勾股定理，西方称之为毕达哥拉斯定理。稍微想一想，这个简单的事实已经被发现了数千年之久，真理可真是寿与天齐啊！难怪证明了费马大定理的怀尔斯（A. J. Wiles）会如此慨叹：

> 数学已经被人类研究了数千年。统治者代而复谢，国家兴而覆亡，帝国盛而复衰。但数学沉舟侧畔千帆过，并幸免于战争、瘟疫与饥荒。它是人类生活中少有的不变的事物之一。古希腊和中国历代的数学在当今如同在从前一样有效。数学也将会延续到未来。今天尚未解决的问题将在明天的世界里获得解答。成为这个悠久而迷人的故事里的一份子，我感到极其荣幸。

毕达哥拉斯的定理固然是无人不知无人不晓，可他本人毕竟离我们太远了，以至于事实上他至今还是一个神秘人物。相对而言，本书中的数学家要跟我们亲近得多，我们甚至可以通过互联网与他们直接取得联系。读者可以上网浏览你所感兴趣的数学家的个人主页，在那里你也许会有意外的发现和收获——数学家就在你身边。

作为一个例子，我要特别提到我与季理真教授的一段交往。经朋

友盛荐,我浏览了他的博客,在诸多美文中我发现《漫谈数学与数学人》
中有一段描述数学人特别贴切:

> 从事数学研究需要想象力和勇气,也需要勤奋、耐心、投入、
> 激情和赢得科学皇后芳心的适当策略,这与成为诗人和音乐家
> 所要求的素养一样,或者更通俗一点,正如同我们追求自己的真
> 爱一样!

处于热恋中的我是如此地喜欢这段话,以至于我恳请出版社为我
联系季先生,请求他允许我引用这段话为我们的中译本做宣传,并委托
出版社请他为中译本作序。在翻阅译稿之后,季先生欣然同意了! 于
是有了他的一篇 Mathematicians: their thoughts and looks,然后就有
了本书开头的中译本序。

本书的翻译是合作的结晶:其他四位译者是首都师范大学数
学科学学院的博士研究生陈见柯(现任教于中国传媒大学)——译
梅热(B. Mazur)篇,赵洁(现任教于北京景山学校朝阳学校)——译
田刚篇,硕士研究生傅小虎——译瑟斯顿(W. P. Thurston)、芒德布
罗(B. Mandelbrot)两篇,中国民航大学数学系的张雅轩老师——译马
西(W. A. Massey)、多贝西(I. C. Daubechies)两篇。另外,北京大学
数学科学学院的博士研究生王琳、首都师范大学数学科学学院的博士
研究生张宝群与张雅轩老师参与校对。他们几位或是我的同学,或是
我的师弟师妹,我们合作得很愉快。

当然,我们几个初出茅庐,又都是理科出身,从事文字翻译确实难
以传其神而尽其妙,计较成败恐怕也是自不量力。但在数学家的灵魂
深处往往有这样一种情结,要让事情趋于完美,甚至是无可挑剔的完
美,就像一个无懈可击的证明那样。也许是长期受数学家熏陶的缘故,
我们也有这种完美主义的倾向。所以,本书的出版并不意味着它的校

对和修改同时画上句号。对于译文中的不当与可以改进之处，欢迎读者提出宝贵的意见与建议。

最后，译者向严加安院士为本书题词、张恭庆院士和林群院士为本书专门写了评语而深表感谢。

林开亮，2013 年 9 月 1 日完稿于首都师范大学图书馆

2021 年 3 月 17 日修订于西北农林科技大学理学院

译者的邮箱是 linkailiang19831@eyou.com